人工智能与大数据系列教材

机器学习原理与应用

杜世强　编著

中国科学技术出版社
·北　京·

图书在版编目（CIP）数据

机器学习原理与应用/杜世强编著. —北京：中国科学技术出版社，2023.4
人工智能与大数据系列教材
ISBN 978-7-5236-0186-0

Ⅰ. ①机… Ⅱ. ①杜… Ⅲ. ①机器学习 Ⅳ. ①TP181

中国国家版本馆 CIP 数据核字（2023）第 060809 号

策划编辑 王晓义
责任编辑 徐君慧
封面设计 郑子玥
责任校对 焦　宁
责任印制 徐　飞

出　　版 中国科学技术出版社
发　　行 中国科学技术出版社有限公司发行部
地　　址 北京市海淀区中关村南大街 16 号
邮　　编 100081
发行电话 010-62173865
传　　真 010-62173081
网　　址 http://www.cspbooks.com.cn

开　　本 710mm×1000mm　1/16
字　　数 260 千字
印　　张 13
版　　次 2023 年 4 月第 1 版
印　　次 2023 年 4 月第 1 次印刷
印　　刷 北京中科印刷有限公司
书　　号 ISBN 978-7-5236-0186-0/TP · 455
定　　价 79.00 元

前　言

机器学习 (machine learning) 是计算机科学的重要分支领域。它专门研究计算机怎样模拟或实现人类的学习行为以获取新的知识或技能，重新组织已有的知识结构使之不断改善自身的性能。它是人工智能的核心，是使计算机具有智能的根本途径。尤其是 2012 年以来，随着数据的爆炸式增长和计算能力的提高，机器学习在自然语言理解、非单调推理、机器视觉、模式识别等许多领域都取得了突破性进展，也使得人工智能在学术界与产业界迎来了蓬勃发展。

机器学习是一门多领域交叉学科，涉及概率论、统计学、逼近论、凸分析、算法复杂度理论等多门学科。机器学习的研究方向主要分为两类：第一类是传统机器学习的研究。该类研究主要是研究学习机制，注重探索模拟人的学习机制。这类方法称为传统机器学习方法或传统机器算法，通常从一些观测样本出发，试图发现不能通过原理分析获得的规律，实现对未来数据行为或趋势的准确预测，包括线性和逻辑回归、分类、决策树、支持向量机、贝叶斯分类等算法。传统机器算法已具备良好的性能，但是面对大规模高维度的数据也显得力不从心。第二类是大数据环境下机器学习的研究。该类研究主要是研究如何有效利用信息，注重从巨量数据中获取隐藏的、有效的、可理解的知识。这类方法以深度学习为代表，被引入机器学习使之更接近于最初的目标——人工智能。深度学习是学习样本数据的内在规律和表示层次，学习过程中获得的信息对诸如文字、图像和声音等数据的解释有很大的帮助。深度学习是一个复杂的机器学习算法，能够更有效地应用在解决大规模数据的问题上，但是深度学习的原理还不够完善。机器学习目前的发展趋势是将传统的机器学习方法与深度学习相结合以解决大数据分析问题。

本书从原理与应用两个角度，系统而深入地讲解主要的传统机器学习与深度学习算法。本书涵盖监督学习、无监督学习、半监督学习、强化学习 4 种类型的机器学习方法。具体内容包括回归分析、决策树、贝叶斯分类器、多层感知机、支持向量机、聚类、维数约减、深度卷积网络、生成对抗网络、对比学习、强化学习等内容。

本书需要读者具有数学（包括高等数学、线性代数、概率论与数理统计、优化方法等）与计算机程序设计（python）的基础知识。本书通过案例求解介绍机器学习相关方法的基本原理和具体实现过程，同时，也介绍学术界最新的研究成果，尤其是深度学习有关内容。

本书的撰写得到了西北民族大学中央高校基本科研业务费专项资金项目——语言文化计算与多模态研究（31920220019）、计算机科学与民族信息技术一流学科建设经费（81101304）、引进人才科研项目（xbmuyjrc201904）和 2021 年西北民族大学教育教学改革研究一般项目（2021XJYBJG-69）的资助，在此表示衷心感谢。研究生张凯武、刘宝锴、余瑶、宋金梅、李佳成、刘文杰、王建华、高生霞参与了部分章节的初稿撰写与程序设计工作，在此表示衷心感谢！

本书可作为高等学校人工智能、计算机、数据科学与大数据技术、自动化及相关专业的本科生或研究生教材，也可供对机器学习感兴趣的研究人员和工程技术人员阅读参考。

机器学习是涉及范围极广、内容庞杂的一门学科，新理论层出不穷，技术发展日新月异。由于种种原因，书中难免有错误与理解不到位的地方，敬请读者批评指正！

符　　号

$n, x, \boldsymbol{x}_i, \boldsymbol{x}_{i,j} \in \mathbb{R}$	标量
$\boldsymbol{x}, \boldsymbol{x}_i, A_{.,j} \in \mathbb{R}^n$	n 维向量
$\boldsymbol{X}, \boldsymbol{Y}, \boldsymbol{W} \in \mathbb{R}^{n \times m}$	$n \times m$ 的矩阵
$\Vert\boldsymbol{x}\Vert_0 = \#\{i : x_i \neq 0\}$	向量 $\boldsymbol{x}$ 的 ℓ_0-范数
$\Vert\boldsymbol{x}\Vert_1 = \sum_i \vert x_i\vert$	向量 $\boldsymbol{x}$ 的 ℓ_1-范数
$\Vert\boldsymbol{A}\Vert_F = (\sum_{i,j} a_{i,j}{}^2)^{1/2}$	矩阵 $\boldsymbol{A}$ 的 Frobenius-范数
$\Vert\boldsymbol{A}\Vert_\infty = \max_{i,j} \vert a_{i,j}\vert$	矩阵 $\boldsymbol{A}$ 的无穷范数
$\Vert\boldsymbol{A}\Vert_{2,0} = \#\{j : \Vert\boldsymbol{A}_{.,j}\Vert_2 \neq 0\}$	矩阵 $\boldsymbol{A}$ 的 $\ell_{2,0}$-范数
$\Vert\boldsymbol{A}\Vert_{2,1} = \sum_j \Vert\boldsymbol{A}_{.,j}\Vert_2$	矩阵 $\boldsymbol{A}$ 的 $\ell_{2,1}$-范数
$\Vert\boldsymbol{A}\Vert_* = \sum_i \sigma_i$	矩阵 $\boldsymbol{A}$ 的核范数，其中 σ_i 为矩阵的奇异值
$rank(\boldsymbol{A})$	矩阵 $\boldsymbol{A}$ 的秩
$Tr(\boldsymbol{A})$	矩阵 $\boldsymbol{A}$ 的迹, 即矩阵 $\boldsymbol{A}$ 的所有特征值之和
$\mathcal{A} \in \mathbb{R}^{n_1 \times n_2 \times n_3}$	$n_1 \times n_2 \times n_3$ 的 3 阶张量
$\mathcal{A}_{ijk}$ or a_{ijk}	张量的第 (i, j, k) 个元素

目　　录

第 1 章　绪 论

机器学习是人工智能的一个分支。人工智能的研究历史有着一条从以“推理”为重点，到以“知识”为重点，再到以“学习”为重点的自然、清晰的脉络。显然，机器学习是实现人工智能的一个途径，即以机器学习为手段解决人工智能中的问题。机器学习经过 30 多年的发展已成为一门多领域交叉学科，涉及概率论、统计学、逼近论、凸分析、计算复杂性理论等多门学科。机器学习理论主要是设计和分析一些让计算机可以自动“学习”的算法。机器学习算法是一类从数据中自动分析获得规律，并利用规律对未知数据进行预测的算法。因为学习算法中涉及大量的统计学理论，机器学习与推断统计学联系尤为密切，也被称为统计学习理论。算法设计方面，机器学习理论关注可以实现的、行之有效的学习算法。很多推论问题属于无程序可循难度，所以部分的机器学习研究是开发容易处理的近似算法。

机器学习已广泛应用于数据挖掘、计算机视觉、自然语言处理、生物特征识别、搜索引擎、医学诊断、检测信用卡欺诈、证券市场分析、DNA 序列测序、语音和手写识别、战略游戏和机器人等领域。

1.1　人工智能

人工智能 (artificial intelligence，AI) 作为计算机科学的一个分支出现于 20 世纪 50 年代，由不同的学科领域组成，如机器学习、计算机视觉等。它的两个主要目标是：通过在计算机上建模和模拟来研究人类智能，以及通过像人类一样解决复杂问题来使计算机更有用。人工智能是引领未来的战略性技术，正在对经济发展、社会进步和人类生活产生深远影响，因而各个国家均在战略层面上予以高度关注。

我国人工智能起步较晚，但得益于国家政策的大力扶持。如国务院发布的《新一代人工智能发展规划》是中国人工智能领域的第一个部署文件，确定了人工智能产业发展的总体思路、战略目标和任务，规划确定了人工智能产业在 2020 年、2025 年及 2030 年的“三步走”发展目标；2021 年 9 月，国家新一代人工智能治理专业委员会发布《新一代人工智能伦理规范》，旨在将伦理道德融入人工智能全生命周期，为从事人工智能有关活动的自然人、法人和其他有关机构等提供伦理指引。因此，我国在人工智能领域的发展在基础算法方面同其他国家差别并不大，甚至还略微领先一些。

近年来，随着互联网、物联网、云计算、三网融合等IT与通信技术的迅猛发展，数据的快速增长成了许多行业共同面对的严峻挑战和宝贵机遇。信息社会已经进入了大数据时代。大数据的涌现不仅改变着人们的生活与工作方式、企业的运作模式，甚至还引起科学研究模式的根本性改变。党中央、国务院高度重视大数据在推进经济社会发展中的地位和作用。2014年，大数据首次写入政府工作报告，之后逐渐成为各级政府关注的热点之一。2015年9月，国务院发布《促进大数据发展的行动纲要》，大数据正式上升至国家战略层面，党的十九大报告提出要推动大数据与实体经济的深度融合。在2021年3月发布的“十四五”规划中，大数据标准体系的完善成为发展重点。大数据时代，人们意识到大数据隐藏诸多价值，对大数据进行挖掘能获得很大的社会和经济效益。机器学习作为分析海量数据的重要技术被越来越多的人关注使用，成为一个热门研究领域。

1.2 机器学习

机器学习 (machine learning) 研究计算机怎样模拟或实现人类的学习行为以获取新的知识或技能，重新组织已有的知识结构使之不断改善自身的性能。它是人工智能的核心，是使计算机具有智能的根本途径。它的应用遍及人工智能的各个领域。近年来，机器学习理论在诸多应用领域得到成功的应用与发展，如机器人下棋程序、语音识别、信用卡欺诈监测、自主车辆驾驶、智能机器人、大数据集的数据挖掘等。这些应用已成为计算机科学的基础及热点之一。传统机器学习从一些观测样本出发，试图发现不能通过原理分析获得的规律，实现对未来数据行为或趋势的准确预测，包括线性和逻辑回归、分类、决策树、支持向量机、贝叶斯等算法。传统机器算法已取得了良好的性能，但是面对大规模高维度的数据也显得力不从心。

1.2.1 定义

机器学习有下面几种定义：

（1）机器学习是一门人工智能的科学。该领域的主要研究对象是人工智能，特别是如何在经验学习中改善具体算法的性能。

（2）机器学习是对能通过经验自动改进的计算机算法的研究。

（3）机器学习是用数据或以往的经验优化计算机程序的性能标准。

1.2.2　分类

根据预期输出和输入类型，机器学习算法可以分为 4 种类别：监督学习、无监督学习、半监督学习和强化学习。

1.2.2.1　监督学习

监督学习从给定的训练数据集中学习出一个函数，当新的数据到来时，可以根据这个函数预测结果。监督学习的训练集要求包括输入和输出，即特征和目标。训练集中的目标是由人标注的。常见的监督学习算法包括回归分析和统计分类。监督学习和非监督学习的差别就是训练集目标是否由人标注。它们都有训练集且都有输入和输出。

数据科学家为算法提供标注和定义的训练数据，以评估相关性。样本数据指定了算法的输入和输出。例如，为手写数字的图像添加注释，指示它对应于哪个数字。其中的监督学习系统在样本充分的情况下，可以识别与每个数字有关的像素和形状的集群。最终监督学习系统可以识别手写的数字，可以稳定地区分数字 9 和 4 或 6 和 8。

监督学习的优点是设计简单易行。它在预测可能的有限结果集、将数据划分为类别，或组合其他两种机器学习算法的结果时非常有用。但是，为数百万个未标注的数据集添加标注是一项难题。

数据标注是根据相应的定义输出值对输入数据进行归类的过程。监督学习必须使用标注后的训练数据。例如，数百万张苹果和香蕉图片需要贴上“苹果”或“香蕉”的标签。接下来，机器学习应用程序就会在给出水果图片后，使用此训练数据猜测水果的名称。但是，标注数百万个新数据可能是一项耗时费力的工作。亚马逊土耳其机器人 (Amazon Mechanical Turk) 等众包服务在一定程度上可以克服监督学习算法的这种局限。通过这类服务，可以接触到遍布全球的经济劳动力储备，大大降低数据获取难度。

1.2.2.2　无监督学习

无监督学习与监督学习相比，训练集没有人为标注的结果。常见的无监督学习算法有生成对抗网络（GAN）、聚类。无监督学习算法会使用未标注的数据进行训练。该算法会扫描新数据，试图在输入和预先确定的输出之间建立有意义的连接。它们可以发现模式并对数据进行分类。例如，无监督算法可以将来自不同新闻网站的新闻文章分为体育、犯罪等常见类别。该算法可以利用自然语言处理来理解文章的意义和情感。在零售业中，无监督学习可以在顾客购买活动中发现一些模式并提供数据分析结果，比如，顾客购买了黄油，那再购买面包的可能性最大。

无监督学习在模式识别、异常检测、数据自动归类方面十分有用。训练数据不需要添加标注，因此设置十分简单。这些算法还可用于清理和处理数据，以供进一步自动建模。这种方法的局限性在于不能给出精确的预测。此外，它也不能单独挑出特定类型的数据结果。

1.2.2.3 半监督学习

顾名思义，该方法结合了监督学习和无监督学习。该技术使用少量已标注数据和大量未标注数据来训练系统。首先，标注的数据用于部分训练机器学习算法。其次，部分训练后的算法本身会为未标注数据添加标注。此流程被称为伪标注。最后，该模型在没有明确编程的情况下，根据生成的数据组合进行重新训练。

该方法的优势在于不需要大量的标注数据。当处理像长文档这样的数据时，它非常方便，因为人工处理这些数据太费时了，难以阅读和标注。

1.2.2.4 强化学习

强化学习是在算法必经的多个阶段附加奖励值的方法。因此，该模型的目标是积累尽可能多的奖励积分，并实现最终目标。在过去的10年里，强化学习的大多实际应用都在电子游戏领域。先进的强化学习算法在经典和现代游戏中都取得了令人印象深刻的结果，往往大大超越人类的能力。

这种方法在不确定且复杂的数据环境中表现非常好，但在商业环境中却很少得到应用。该方法对于预先定义好的任务而言效率较低，并且开发人员的偏好也会影响结果。这是因为数据科学家设计了奖励，它们可以影响结果。

1.2.3 算法

具体的机器学习算法有：回归分析、决策树、朴素贝叶斯、人工神经网络、支持向量机、集成算法、聚类、降维、深度学习等。

1.2.3.1 回归分析

回归分析指的是确定两种或两种以上变量间相互依赖的定量关系的一种统计分析方法。回归分析按照涉及的变量的多少，可分为一元回归和多元回归分析；

按照因变量的多少，可分为简单回归分析和多重回归分析；按照自变量和因变量之间的关系类型，可分为线性回归分析和非线性回归分析。

1.2.3.2　决策树

决策树及其变种是一类将输入空间分成不同的区域，每个区域有独立参数的算法。决策树算法充分利用了树形模型：根节点到一个叶子节点是一条分类的路径规则，每个叶子节点象征一个判断类别；先将样本分成不同的子集，再进行分割递推，直至每个子集得到同类型的样本。从根节点开始测试，到子树再到叶子节点，即可得出预测类别。此方法的特点是结构简单、处理数据效率较高。

1.2.3.3　朴素贝叶斯

朴素贝叶斯算法是一种分类算法。它不是单一算法，而是一系列算法。这些算法都有一个共同的原则，即被分类的每个特征都与任何其他特征的值无关。朴素贝叶斯分类器认为这些“特征”中的每一个都独立地贡献概率，而不管特征之间的任何相关性。然而，特征并不总是独立的，这通常被视为朴素贝叶斯算法的缺点。简而言之，朴素贝叶斯算法允许我们使用概率给出一组特征来预测一个类。与其他常见的分类方法相比，朴素贝叶斯算法需要的训练很少。在进行预测之前必须完成的唯一工作是找到特征的个体概率分布的参数，这通常可以快速且确定地完成。这意味着即使对于高维数据点或大量数据点，朴素贝叶斯分类器也可以表现良好。

1.2.3.4　支持向量机

基本思想可概括为：先要利用一种变换将空间高维化，当然这种变换是非线性的，之后在新的复杂空间取最优线性分类表面。由此种方式获得的分类函数在形式上类似于神经网络算法。支持向量机是统计学习领域中一个代表性算法，但与传统方式的思维方法很不同，如输入空间、提高维度从而将问题简短化，使问题归结为线性可分的经典解问题。支持向量机应用于垃圾邮件识别、人脸识别等多种分类问题。

1.2.3.5　人工神经网络

人工神经网络与神经元组成的异常复杂的网络大体相似，是由个体单元互相连接而成。每个单元有数值量的输入和输出，形式可以为实数或线性组合函数。它先要以一种学习准则去学习，然后才能进行工作。当网络判断错误时，通过学习使之减少犯同样错误的可能性。此方法有很强的泛化能力和非线性映射能力，可以对信息量少的系统进行模型处理，从功能模拟角度看具有并行性，且传递信息速度极快。

1.2.3.6 集成算法

集成算法用一些相对较弱的学习模型独立地就同样的样本进行训练，然后把结果整合起来进行整体预测。集成算法的主要难点在于究竟集成哪些独立的较弱的学习模型以及如何把学习结果整合起来。常见的算法包括：提升方法 (boosting)、增强学习 (adaboost)、堆叠泛化 (stacked generalization，blendin)、梯度推进机 (gradient boosting machine, GBM)、随机森林 (random forest)。

1.2.3.7 聚类

将物理或抽象对象的集合分成由类似的对象组成的多个类的过程被称为聚类。由聚类所生成的簇是一组数据对象的集合。这些对象与同一个簇中的对象彼此相似，与其他簇中的对象相异。“物以类聚，人以群分”，在自然科学和社会科学中，存在着大量的分类问题。聚类分析又称群分析，它是研究（样品或指标）分类问题的一种统计分析方法。聚类分析起源于分类学，但是聚类不等于分类。聚类与分类的不同在于，聚类所要求划分的类是未知的。聚类分析内容非常丰富，有系统聚类法、有序样品聚类法、动态聚类法、模糊聚类法、图论聚类法、聚类预报法等。

1.2.3.8 降维

按照一定的数学变换方法，把给定的一组相关变量 (特征) 通过数学模型将高维空间数据点映射到低维空间中，然后用映射后到变量的特征来表示原有变量的总体特征。这种方式是一种产生新维度的过程，转换后的维度并非原有的维度本体，而是综合多个维度转换或映射后的表达式。降维方法分为线性降维和非线性降维。非线性降维又分为基于核函数和基于特征值的方法。

1.2.3.9 深度学习

深度学习 (deep learning, DL) 是机器学习领域中一个新的研究方向。它被引入机器学习是为了更接近最初的目标——人工智能。

深度学习是学习样本数据的内在规律和表示层次。这些学习过程中获得的信息对诸如文字、图像和声音等数据的解释有很大的帮助。它的最终目标是让机器能够像人一样具有分析学习能力，能够识别文字、图像和声音等数据。深度学习是一个复杂的机器学习算法，在语音和图像识别方面取得的效果，远远超过先前有关技术。

深度学习在搜索技术、数据挖掘、机器学习、机器翻译、自然语言处理、多媒体学习、语音、推荐和个性化技术，以及其他相关领域都取得了很多成果。深度学习使机器模仿视听和思考等人类的活动，解决了很多复杂的模式识别难题，使得人工智能有关技术取得了很大进步。

1.2.4 应用领域

我们来介绍一下机器学习方法应用的一些主要行业。

1.2.4.1 制造业

机器学习可以为制造业的预测性维护、质量控制和创新研究提供支持。机器学习技术还可以帮助公司改进物流解决方案。包括资产、供应链以及库存管理。例如，制造业巨头 3M 公司使用亚马逊网络服务的机器学习 (AWS Machine Learning) 研究创新砂纸。机器学习算法使 3M 公司的研究人员能够分析形状、大小和方向上的细微变化将如何改进研磨性和耐用性。这些建议也会提供制造过程改进信息。

1.2.4.2 医护及生命科学

可穿戴传感器和设备的激增产生了大量的健康数据。机器学习程序可以分析此信息并为医生的实时诊断和治疗提供支持。机器学习研究人员正在开发发现恶性肿瘤并诊断眼睛疾病的解决方案。这会对人类健康结果产生巨大影响。例如，坎比亚健康解决方案 (Cambia Health Solutions) 使用亚马逊网络服务的机器学习 (AWS Machine Learning) 为医护初创公司提供支持，让这些初创公司可以为孕妇提供自动化的定制治疗方案。

1.2.4.3 金融服务

金融机器学习方案改进了风险分析和监管程序。机器学习技术可让投资者分析股市走势、评估对冲基金或校准金融服务产品组合，从而发现新的机会。此外，它还有助于识别高风险贷款客户，减少欺诈。金融软件领导者 Intuit 软件公司使用 AWS Machine Learning 系统文字提取 (Amazon Textract) 来创建更个性化的财务管理方案，并帮助终端用户改善财务状况。

1.2.4.4 零售

零售业可以使用机器学习来改进客户服务、库存管理、追加销售和跨渠道营销。例如，亚马逊履行技术 (amazon fulfillment，AFT) 使用机器学习模型来识别放错位置的库存，将基础设施成本降低了 40%。这有助于他们履行亚马逊 (Amazon) 公司的承诺，尽管他们每年处理数百万次全球货运，但商品仍将很快提供给客户并准时到达。

1.2.4.5 媒体和娱乐

娱乐公司转向使用机器学习，希望更好地了解他们的目标受众，并根据受众需求提供沉浸式的个性化内容。部署机器学习算法有助于设计预告片和其他广告，为消费者提供个性化的内容建议，甚至还可以简化生产。例如，迪士尼 (Disney) 正使用 AWS Deep Learning 来归档媒体库。AWS Machine Learning 工具可自动为媒体内容贴标签、提供描述并进行分类，这使得编剧和动画师能够快速搜索并熟悉迪士尼角色。

1.2.5 优缺点

机器学习由于自身的特点，已被应用到许多领域和行业，但是其本身也有一些缺点与不足。

1.2.5.1 机器学习模型的优点

（1）可以识别人类可能遗漏的数据趋势和模式。

（2）设置后无须人工干预即可运作。例如，网络安全软件中的机器学习即使没有管理员输入，也能持续监控和识别网络流量的异常情况。

（3）结果会随着时间推移越来越准确。

（4）可以在动态、大容量和复杂的数据环境中处理各种数据格式。

1.2.5.2 机器学习模型的缺点

（1）初始训练成本较高且非常耗时。如果没有充足的数据，可能难以运作。

（2）如果在内部设置硬件，则机器学习是一种需要大量初始投资的计算密集型流程。

（3）在没有专家帮助的情况下，可能很难正确解释结果并消除不确定性。

1.3　深度学习

深度学习是一个复杂的机器学习算法，能够更有效地应用在解决大规模数据的问题上。但是深度学习的原理还不够完善，目前的发展趋势是将传统的机器学习方法与深度学习相结合以解决大数据分析问题。所以本文不仅介绍传统机器学习算法，还介绍经典和前沿的深度学习方法，例如深度卷积网络、对比学习等。

深度学习是机器学习的分支，是一种以人工神经网络为架构，对数据进行表示学习的算法。

深度学习是机器学习中一种基于对数据进行表示学习的算法。观测值 (例如一幅图像) 可以使用多种方式来表示，如每个像素强度值的向量，或者更抽象地表示成一系列边、特定形状的区域等。而使用某些特定的表示方法更容易从实例中学习任务 (例如人脸识别或面部表情识别)。深度学习的好处是用无监督式或半监督式的特征学习和分层特征提取高效算法来替代手工获取特征。

表示学习的目标是寻求更好的表示方法并建立更好的模型来从大规模未标记数据中学习这些表示方法。表示方法来自神经科学，并松散地建立在类似神经系统中的信息处理和对通信模式的理解上，如神经编码，试图定义拉动神经元的反应之间的关系以及大脑中的神经元的电活动之间的关系。

至今已有数种深度学习框架，如深度神经网络、卷积神经网络和深度置信网络 (deep belief network) 和循环神经网络已被应用在计算机视觉、语音识别、自然语言处理、音频识别与生物信息学等领域，并取得了极好的效果。

1.3.1　工作原理

深度学习网络通过发现经验数据中错综复杂的结构进行学习。通过构建包含多个处理层的计算模型，深度学习网络可以创建多个级别的抽象层来表示数据。

例如，卷积神经网络深度学习模型可以使用大量 (如几百万个) 猫的图像进行训练。这种类型的神经网络通常从所采集图像中包含的像素进行学习。它可以对图像中猫的身体特征分组 (如爪子、耳朵和眼睛)，并将表示这些身体特征的像素分类成组。

深度学习与传统机器学习存在根本上的差异。在此示例中，领域专家需要花费相当长的时间对传统机器学习系统进行工程设计，才能检测到形成一只猫的身体特征。而对于深度学习，只需要向系统提供非常大量的猫图像，系统便可以自主学习形成猫的身体特征。

对于许多任务 (例如计算机视觉、语音识别、机器翻译和机器人) 来说，深度学习系统的性能远胜于传统机器学习系统。这并不是说，构建深度学习系统与构建传统机器学习系统相比要轻松很多。虽然特征识别在深度学习中自主执行，但我们仍需要调整上千个超参数 (按钮) 才能确保深度学习模型的有效性。

1.3.2 重要性

我们生活在一个充满前所未有机遇的时代，深度学习技术可以帮助我们实现新的突破。深度学习在探索系外行星、开发新型药物、确诊疾病以及检测亚原子粒子等领域，均起到了举足轻重的作用。它可以从根本上增强我们对生物学 (包括基因组学、蛋白质组学、代谢组学、免疫组学等) 的理解。

我们生活的这个时代也面临着严峻的挑战。气候变化威胁到粮食生产，甚至可能有一天会因为资源有限而爆发战争。环境变化的挑战还将由于人口的不断增长而进一步恶化，到 2050 年全球人口预计将达 90 亿人。这些挑战的覆盖面之广、规模之大，必然要求我们通过深度学习将智能水平推向一个新的高度。

在大约 5.4 亿年前的寒武纪生命大爆发期间，视觉成为动物的竞争优势，并很快成为生物进化的主要推动力之一。加上生物神经网络处理视觉信息的能力不断进化，视觉为动物提供了一幅周围环境的地图，提高了动物对外部世界的感知能力。

如今，作为人工眼的相机与可处理这些人工眼捕捉到的视觉信息的神经网络相结合，引爆了由数据驱动的人工智能应用大爆发。就像视觉在地球生命进化中所扮演的关键角色一样，深度学习和神经网络将增强机器人的能力。机器人理解周围环境的能力将越来越强，而且能够做出自主决策，与人类协作，并增强人类自身的能力。

1.3.3 应用领域

深度学习已在计算机视觉、语音识别与自然语言处理领域取得非凡的突破，但这并不意味着深度学习已经发展成熟。它还需要研究者进一步的理论分析和应用实践。下面列举一些深度学习的主要应用行业。

1.3.3.1 机器人

机器人的许多最新发展都得益于人工智能和深度学习的发展进步。例如，人工智能使机器人能够感知并响应周围环境。从原来在仓库各层沿导航路线活动，到现在的分拣和搬运大小不一、易碎或混杂在一起的物体，这一能力扩大了机器人可执行功能的范围。像捡起草莓这么简单的事情对于人类来说是小事一桩，但对机器人而言一直是一项相当困难的任务。随着人工智能的进步，机器人的能力也在不断增强。

人工智能的发展意味着我们可以期待未来机器人越来越多地承担人类助手的工作。未来机器人将不仅仅像目前的有些机器人一样，只是理解和回答问题，而是能够对语音命令和手势做出回应，甚至能够预测下一个动作。如今，协作式机器人已经与人类肩并肩工作，各自执行最能发挥自身优势的独立任务。

1.3.3.2　农业

人工智能具有革新农业的潜力。现今，深度学习使农民能够装配可以识别和区分农作物与杂草的设备。这一能力使除草机能够避开农作物，选择性地在杂草上喷洒除草剂。使用计算机视觉 (由深度学习提供支持) 的农用机器，甚至能够通过选择性地喷洒除草剂、化肥、杀真菌剂、杀虫剂和生物制剂优化单株。除了减少除草剂的用量和提高农场产量，深度学习的应用范围还可以进一步扩展到其他农场运营活动，例如施肥、灌溉和收割。

1.3.3.3　医疗成像和医疗保健

由于可使用高质量的数据以及能够通过卷积神经网络对图像分类，深度学习在医疗成像领域成效显著。例如，深度学习在皮肤癌分类上堪比皮肤科医生，甚至更胜一筹。有几家供应商在将深度学习算法用于诊断用途方面已经获得了美国食品药品监督管理局 (FDA) 的许可，包络肿瘤学和视网膜疾病的图像分析用途。通过从电子病历数据预测医疗事件，深度学习在帮助提高医疗保健质量方面取得了重大进展。

1.3.3.4　虚拟助手

亚马逊公司开发的亚历克萨语音系统 (Alexa)、苹果公司开发的苹果语音助手 (Siri) 和谷歌智能助理 (Google Assistant) 等虚拟助手是深度学习的流行应用程序。这些应用程序用于许多家庭和办公室，以简化日常任务。使用这些助手的人数正在增加。这些助手变得越来越聪明，并且在用户与他们互动时越来越多地了解用户和用户的偏好。虚拟助手使用深度学习来了解我们的兴趣，例如我们最喜欢的聚会场所或最喜欢的电视节目。为了理解用户所说，虚拟助手考虑了人类的语言，还可以将用户的声音翻译成文本格式，为用户安排会议等。

虚拟助手可以做很多事情，从处理到即时自动接听我们的工作电话，帮助管理团队。虚拟助理还可以通过汇总文件来协助用户撰写和邮寄电子邮件给老板、客户、老师等。

此外，虚拟助手在很多地方都得到了应用，并且被集成到各种设备中，包括物联网和汽车。由于互联网和智能设备，这些助手将继续变得越来越智能。

1.3.3.5 自动驾驶汽车

驾驶的目的是对外部因素做出安全反应，例如周围的汽车、路牌和行人，以便从一个点到达另一个点。尽管我们距离全自动驾驶汽车还有一段距离，但深度学习对于让这项技术达到今天的水平至关重要。

自动驾驶在当今时代得到了推动，并且比以往任何时候都更强大。这得益于许多进步，例如性能更高的显卡、强大的处理器和大量信息。除了缓解交通拥堵，它还将提高安全性。自动驾驶汽车是自主决策系统。惯性探测器和 GPS 是可以提供数据流的几种传感器。然后，深度学习算法对数据进行建模，并根据汽车的环境做出决策。

例如，小马智行 (Pony.ai) 采用深度学习为其规划提供动力，并为独立车辆技术提供控制模块。该技术允许汽车在 8 车道道路上导航、控制事故等。谷歌子公司威摩 (Waymo) 是另一个自动驾驶使用深度学习的汽车公司。

1.3.3.6 欺诈检测和新闻聚合

如今的货币交易正在走向数字化，在深度学习的帮助下许多应用程序得以开发。这些应用程序可以帮助检测欺诈行为，从而帮助金融机构节省大量资金。此外，现在可以过滤新闻提要以删除所有不需要的新闻，并且读者可以阅读基于他们感兴趣的领域的新闻。

如今，检测假新闻非常重要，因为互联网上充斥着大量的博客、研究论文、新闻和许多其他形式的信息来源，而且它们可能会失实。在机器人的帮助下，假新闻在今天的传播速度非常快，因此很难判断新闻是假的还是真实的。

除了开发分类器来检测虚假和有偏见的新闻，深度学习还可用于通知用户潜在的隐私侵犯并删除内容。训练和验证用于新闻检测的深度学习神经网络的主要挑战是数据中充斥着来自世界各地的意见，很难确定新闻报道是有偏见的还是中立的。

1.3.4 未来趋势

现今已经有了各种针对特定类型的输入和任务进行优化的神经网络架构。卷积神经网络非常擅长图像分类。另一个形式的深度学习架构使用复发性神经网络来处理顺序数据。卷积神经网络模型和复发性神经网络模型都执行我们所说的监督学习，这意味着需要为这些模型提供大量数据以供学习。将来，更精密类型的人工智能将采用无监督学习。无监督和半监督学习技术正在获得大量的研发投入，并且在各种应用领域都取得了很多的进展。

与深度学习相比，强化学习是一种略微不同的范式。在这种范式中，智能体在模拟环境中仅仅从奖惩中进行试错式学习。深度学习扩展到这一领域后，称为深度强化学习 (deep reinforcement learning, DRL)。这一领域已经取得相当大的进展，例如，深度强化学习程序在一场围棋游戏中击败了人类。

通过设计神经网络架构来解决问题的难度让人难以想象，再加上有许多需要调整的超参数和许多需要选择优化的损失函数，设计复杂性进一步提高。如何自主地学习良好的神经网络架构，目前这方面已经有相当多的研究活动。学会如何学习，也称作元学习或 AutoML，正在取得稳步进展。

当前的人工神经网络是基于 20 世纪 50 年代对人类大脑如何处理信息的理解。从那时以来，神经科学已经取得显著进步，深度学习架构变得非常精密，以至于似乎展现出诸如网格细胞的结构。这种网格细胞在生物神经大脑中用于导航。神经科学和深度学习可以从相互交流中彼此受益，并且两个领域极有可能在未来某个时点合二为一。

我们不再使用机械计算机。在未来某个时点，我们也不会再使用数字计算机，而是使用新一代的量子计算机。最近几年，量子计算已经取得多项突破，能够提供不可思议的超大计算量，学习算法一定可以从中受益。而且，使用学习算法来理解概率量子计算机的输出也很有可能成为现实。量子机器学习是机器学习中非常活跃的一个分支。随着首届国际量子机器学习大会计划于 2018 年召开，量子机器学习也迎来了一个良好的开端。

1.4　Pytorch 简介

目前流行的深度学习框架很多，有飞桨 (PaddlePaddle)、Tensorflow、卷积神经网络框架 (Caffe)、西雅娜 (Theano)、MXNet、Torch 和 Pytorch 等。本书的程序设计都是利用 Pytorch 框架。Pytorch 是 Torch 的 Python 版本，是由脸书 (Facebook) 人工智能研究院开源的神经网络框架，专门针对 GPU 加速的深度神经网络 (DNN) 编程。Torch 是一个经典的对多维矩阵数据进行操作的张量 (tensor) 库，在机器学习和其他数学密集型应用中有广泛应用。与 Tensorflow 的静态计算图不同，Pytorch 的计算图是动态的，可以根据计算需要实时改变计算图。

1.4.1　Pytorch 的优点

与其他神经网络框架相比，Pytorch 主要有以下优点。

1.4.1.1　简洁

Pytorch 的设计追求最少的封装，尽量避免重复造轮子。Pytorch 的设计遵循 tensor→variable(autograd)→nn.Module 3 个由低到高的抽象层次，分别代表高维

数组 (张量)、自动求导 (变量) 和神经网络 (层/模块)，而且这 3 个抽象之间联系紧密，可以同时进行修改和操作。简洁的设计带来的另外一个好处就是代码易于理解。

1.4.1.2 速度快

Pytorch 的灵活性不以速度为代价。在许多评测中，Pytorch 的速度表现胜过 TensorFlow 和 Keras 等框架。框架的运行速度和程序员的编码水平有极大关系，但同样的算法，使用 Pytorch 实现的那个更有可能快过用其他框架实现的。

1.4.1.3 易用

Pytorch 是所有的框架中面向对象设计得最优雅的一个。Pytorch 的面向对象的接口设计来源于 Torch。Torch 的接口设计以灵活易用而著称。Pytorch 继承了 Torch 的衣钵，尤其是 API 的设计和模块的接口都与 Torch 高度一致。Pytorch 是目前最符合人们思维的设计。它让用户尽可能地专注于实现自己的想法，即所思即所得，不需要考虑太多关于框架本身的束缚。

1.4.1.4 活跃的社区

Pytorch 提供了完整的文档、循序渐进的指南和作者亲自维护的论坛供用户交流和求教问题。Facebook 人工智能研究院对 Pytorch 提供了强力支持。作为当今排名前三的深度学习研究机构，FAIR 的支持足以确保 Pytorch 获得持续的开发更新，不至于像许多由个人开发的框架那样昙花一现。

1.4.2 Pytorch 的缺点

Pytorch 没有自带的可视化工具，需要第三方。它通常选用 matplotlib 进行数据的可视化。

第 2 章　回归分析

回归 (regression) 是监督学习的另一个重要方面。回归用于预测输入变量 (自变量) 和输出变量 (因变量) 之间的关系，特别是当输入变量的值发生变化时，输出变量的值随之发生的变化。回归模型正是表示从输入变量到输出变量之间映射的函数。在统计学中，回归分析 (regression analysis) 指的是确定两种或两种以上变量间相互依赖关系的一种统计分析方法。

回归分析起源于生物学研究，是由英国生物学家兼统计学家弗朗西斯 · 高尔登 (Francis Galton，1822－1911) 在 19 世纪末研究遗传学特性时首先提出来的。高尔登在 1889 年发表的著作《自然的遗传》中提出了回归分析方法，之后回归分析方法很快就被应用到经济领域，而且这一名词一直为生物学和统计学所沿用。回归的现代含义与过去大不相同。一般说来，回归是研究因变量随自变量变化的关系形式的分析方法。其目的在于根据已知自变量来预测因变量的可能结果。

2.1　引言

回归分析是应用极其广泛的数据分析方法之一。它基于观测数据建立变量间适当的依赖关系，以分析数据内在规律，并可用于预报、控制等问题。现实世界中大多数现象表现出相关关系，人们通过大量观察，将现象之间的相关关系抽象概括为函数关系，并用函数形式或模型来描述与推断现象间的具体变动关系。用一组变量的变化来估计与推算另一变量的变化，这种分析方法称为回归分析。

回归分析是一种预测性的建模技术，它研究的是因变量 (目标) 和自变量 (数据) 之间的关系。这种技术通常用于预测分析、时间序列模型及发现变量之间的因果关系。

2.2　回归分析

回归问题分为学习和预测两个过程，其本质就是用一个函数来描述输入数据和输出数据之间的规律，从而针对每个输入估计出一个最可能的输出值。先是给

定一个由 d 个属性描述的训练集 $\boldsymbol{x}=(x_1;x_2;\cdots;x_d)$，其中$x_i$ 是 $\boldsymbol{x}$ 在第 i 个属性上的取值，线性模型 (linear model) 试图学得一个通过属性的线性组合来进行函数的预测，即

$$f(\boldsymbol{x})=w_1x_1+w_2x_2+\cdots+w_dx_d+b \tag{2.2.1}$$

用向量形式可简写为

$$f(\boldsymbol{x})=\boldsymbol{w}^T\boldsymbol{x}+b \tag{2.2.2}$$

其中 $\boldsymbol{w}=(w_1;w_2;\cdots;w_d)$。$\boldsymbol{w}$ 和 b 学得之后，模型就得以确定。

回归分析是建模和分析数据的重要工具，本章介绍几种经典的线性模型，我们先从一元线性回归任务开始，然后讨论多元线性回归和逻辑回归任务。

2.2.1 一元线性回归

线性回归 (linear regression) 是为人熟知的建模技术之一，通常是人们在学习预测模型时的首选。在这种技术中，因变量是连续的，自变量既可以是连续的也可以是离散的，回归线的性质是线性的。线性回归使用最佳的拟合直线 (也就是回归线) 在因变量 (Y) 和一个或多个自变量 (X) 之间建立一种关系。

给定数据集 $D=\{(\boldsymbol{x}_1,y_1),(\boldsymbol{x}_2,y_2),\cdots,(\boldsymbol{x}_m,y_m)\}$，其中 $\boldsymbol{x}_i=(x_{i1};x_{i2};\cdots;x_{id}),y_i\in\mathbb{R}$。线性回归试图学得一个线性模型以尽可能准确地预测结果。

为了便于讨论，现在我们只考虑输入属性为一个的情形，忽略关于属性的下标，此时 $D=\{(x_i,y_i)\}_{i=1}^m$，其中 $x_i\in\mathbb{R}$。在线性模型中，有时这些输入的属性值并不能直接被我们的学习模型所用，需要进行相应的处理。对于连续值的属性，一般都可以被模型所用，但有时会根据具体的情形作相应的预处理，例如归一化、标准化等；对于离散值的属性，可作下面的处理：若属性值之间存在“序关系”，则可以将其转化为连续值，例如：身高属性分为“高”“中等”“矮”，可转化为数值 {1,0.5,0}。若属性值之间不存在“序关系”，则通常将其转化为向量的形式，例如：性别属性分为“男”“女”，可转化为二维向量 {(1,0),(0,1)}。

线性回归的目标在于试图学习

$$f(x_i)=wx_i+b,\ \text{使得}\ f(x_i)\simeq y_i \tag{2.2.3}$$

对于 w 和 b 的确定方式，取决于如何去衡量 $f(x)$ 与 y 之间的差别，这里我们采用回归任务中最常用的均方误差作为性能的度量，并试图让均方误差最小化，得到下式：

$$\begin{aligned}(w^*,b^*)&=\underset{(w,b)}{\arg\min}\sum_{i=1}^m(f(x_i)-y_i)^2\\&=\underset{(w,b)}{\arg\min}\sum_{i=1}^m(y_i-wx_i-b)^2\end{aligned} \tag{2.2.4}$$

均方误差 (MSE) 是反映估计量与被估计量之间差异程度的一种度量，基于均方误差最小化来进行模型求解的方法称为最小二乘法 (ordinary least squares)。由于其独特的几何性质，对应了欧几里得距离，所以均方误差也常称为欧氏距离，在线性回归中，最小二乘法就是试图找到一条直线，使所有样本到直线上的欧氏距离之和最小。

求解 w 和 b 就是使得所有样本到直线 $y = wx + b$ 的欧式距离之和最小的过程，称之为线性回归模型的最小二乘参数估计 (parameter estimation)，用公式可表示为以下形式：

$$E_{(w,b)} = \sum_{i=1}^{m}(y_i - wx_i - b)^2 \tag{2.2.5}$$

然后我们可以用 $E_{(w,b)}$ 分别对 w 与 b 求偏导，如下所示：

$$\frac{\partial E_{(w,b)}}{\partial w} = 2\left(w\sum_{i=1}^{m}x_i^2 - \sum_{i=1}^{m}(y_i - b)\,x_i\right) \tag{2.2.6}$$

$$\frac{\partial E_{(w,b)}}{\partial b} = 2\left(mb - \sum_{i=1}^{m}(y_i - wx_i)\right) \tag{2.2.7}$$

令式 (2.2.6) 和式 (2.2.7) 为零可得到 w 和 b 最优解的闭式解 (closed-form)：

$$w = \frac{\sum\limits_{i=1}^{m} y_i\,(x_i - \bar{x})}{\sum\limits_{i=1}^{m} x_i^2 - \frac{1}{m}\left(\sum\limits_{i=1}^{m} x_i\right)^2} \tag{2.2.8}$$

$$b = \frac{1}{m}\sum_{i=1}^{m}(y_i - wx_i) \tag{2.2.9}$$

其中 $\bar{x} = \frac{1}{m}\sum\limits_{i=1}^{m} x_i$ 为 x 的均值。

2.2.1.1　案例分析

目前，中国城镇化仍处于较快发展阶段，住房需求依然旺盛。本文收集了武汉市某地区某年某月的房价数据，并总共抽取了 16 个样本作为研究对象，如表 2.1 所示，下面将通过使用一元线性回归进行房价的预测。

2.2.1.2　建立模型

（1）导入需要使用的相关模块。

表 2.1 武汉市某地区某年某月房价数据

序号	面积 / 平方米	销售价格 / 万元	序号	面积 / 平方米	销售价格 / 万元
1	136.80	144.00	9	106.69	62.00
2	104.20	109.30	10	138.05	133.00
3	99.60	93.00	11	53.75	51.00
4	124.30	116.00	12	46.91	45.00
5	78.20	65.32	13	68.00	78.50
6	99.10	104.00	14	63.02	69.65
7	124.50	118.00	15	81.26	75.69
8	114.00	91.00	16	86.21	95.30

```
import matplotlib.pyplot as plt
import pandas as pd
from sklearn.model_selection import train_test_split
from sklearn.linear_model import LinearRegression
```

（2）数据的读取与划分，这里的自变量必须写成二维形式，一个因变量可能对应多个自变量。这里我们将训练集和测试集的数据量设置为 12 与 4 条。

```
df = pd.read_csv('filepath')
X = df[['size']]
Y = df['price']
x_train, x_test, y_train, y_test = train_test_split(X, Y,
    test_size=0.25)
```

（3）模型的搭建。

```
model = LinearRegression()
model.fit(x_train, y_train)
```

（4）模型结果的可视化。

```
plt.scatter(x_train, y_train)
plt.plot(x_train ,model.predict(x_train), color='red')
plt.xlabel('size')
plt.ylabel('price')
plt.show()
```

（5）用测试集对模型的效果进行评估。

```
score = model.score(x_test, y_test)
print(score)
```

这里展示模型拟合的可视化结果示例，如图 2.1 所示。

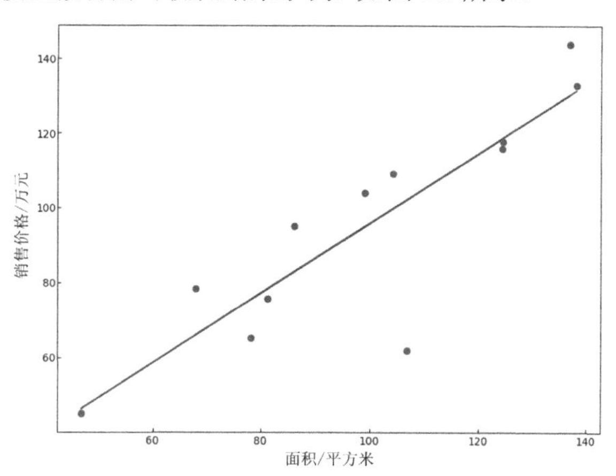

图 2.1　模型可视化结果示例

2.2.2　多元线性回归

一元线性回归是一个主要影响因素作为自变量来解释因变量变化的方法，在现实问题研究中，因变量的变化往往受几个重要因素的影响，此时就需要用两个或两个以上的影响因素作为自变量来解释因变量的变化，这就是多元回归亦称多重回归。当多个自变量与因变量之间是线性关系时，所进行的回归分析就是多元线性回归。

多元线性回归 (multivariable linear regression model) 是线性回归的更一般的形式，在实际经济问题中，多元线性回归模型的一个因变量往往受到多个自变量的影响。例如，家庭消费支出，除了受家庭可支配收入的影响，还受诸如家庭所有的财富、物价水平、金融机构存款利息等多种因素的影响。

如开头的数据集 D 所述，样本由 d 个属性所描述，此时，多元线性回归试图学得

$$f(\boldsymbol{x}_i) = \boldsymbol{w}^{\mathrm{T}}\boldsymbol{x}_i + b, \text{ 使得 } f(\boldsymbol{x}_i) \simeq y_i \tag{2.2.10}$$

由于多元线性回归，一个观测值就不再是一个标量而是一个向量了，我们把数据集 D 表示为一个 $m \times x(d+1)$ 大小的矩阵 $\boldsymbol{X}$，每一行表示一个样本，每一列

表示一种属性，例如 x_{12} 表示第 1 个样本的第 2 个属性值，最后一个元素恒置为 1，公式表示为

$$\boldsymbol{X}=\begin{pmatrix} x_{11} & x_{12} & \dots & x_{1d} & 1 \\ x_{21} & x_{22} & \dots & x_{2d} & 1 \\ \vdots & \vdots & \ddots & \vdots & \vdots \\ x_{m1} & x_{m2} & \dots & x_{md} & 1 \end{pmatrix}=\begin{pmatrix} \boldsymbol{x}_1^{\mathrm{T}} & 1 \\ \boldsymbol{x}_2^{\mathrm{T}} & 1 \\ \vdots & \vdots \\ \boldsymbol{x}_m^{\mathrm{T}} & 1 \end{pmatrix} \tag{2.2.11}$$

为便于讨论，我们把 $\boldsymbol{w}$ 和 b 更改为向量形式 $\hat{\boldsymbol{w}}=(\boldsymbol{w};b)$，再把标记也写成向量形式 $\boldsymbol{y}=(y_1;y_2;\cdots;y_m)$，可得

$$\hat{\boldsymbol{w}}^*=\arg\min_{\hat{\boldsymbol{w}}}(\boldsymbol{w}-\boldsymbol{X}\hat{\boldsymbol{w}})^{\mathrm{T}}(\boldsymbol{w}-\boldsymbol{X}\hat{\boldsymbol{w}}) \tag{2.2.12}$$

与一元线性回归的方法类似，我们令 $E_{\hat{\boldsymbol{w}}}=(\boldsymbol{y}-\boldsymbol{X}\hat{\boldsymbol{w}})^{\mathrm{T}}(\boldsymbol{y}-\boldsymbol{X}\hat{\boldsymbol{w}})$，然后对 $\hat{\boldsymbol{w}}$ 求偏导可得

$$\frac{\partial E_{\hat{\boldsymbol{w}}}}{\partial \hat{\boldsymbol{w}}}=2\boldsymbol{X}^{\mathrm{T}}(\boldsymbol{X}\hat{\boldsymbol{w}}-\boldsymbol{y}) \tag{2.2.13}$$

令公式 (2.2.13) 为零即可求得 $\hat{\boldsymbol{w}}$ 的最优闭式解，这里由于涉及矩阵的逆运算，与一元线性回归相比，计算方式会相对复杂。

当 $\boldsymbol{X}^{\mathrm{T}}\boldsymbol{X}$ 为满秩矩阵或正定矩阵时，令公式 (2.2.13) 为零可得

$$\hat{\boldsymbol{w}}^*=(\boldsymbol{X}^{\mathrm{T}}\boldsymbol{X})^{-1}\boldsymbol{X}^{\mathrm{T}}\boldsymbol{y} \tag{2.2.14}$$

其中 $(\boldsymbol{X}^{\mathrm{T}}\boldsymbol{X})^{-1}$ 是矩阵 $(\boldsymbol{X}^{\mathrm{T}}\boldsymbol{X})$ 的逆矩阵，令 $\hat{\boldsymbol{x}}_i=(\boldsymbol{x}_i,1)$，最终学得的多元线性回归模型为

$$f\left(\hat{\boldsymbol{X}}_i\right)=\hat{\boldsymbol{X}}_i^{\mathrm{T}}\left(\boldsymbol{X}^{\mathrm{T}}\boldsymbol{X}\right)^{-1}\boldsymbol{X}^{\mathrm{T}}\boldsymbol{y} \tag{2.2.15}$$

2.2.2.1　案例分析

自 1978 年改革开放以来，中国进入了经济增长的快车道，国内生产总值和能源消费量增长迅速。在 1979－2005 年 GDP 增长的 9.6 个百分点中，有 5.3 个百分点来自第二产业 (工业) 的贡献。我国能源工业固定资产投资逐年增加使得能源供给总量持续提升。深入了解我国“富煤、贫油、少气”状况是研究我国能源结构特征乃至能源供给需求状况的前提，也是制定政策以实现我国能源可持续发展的基础。下面，我们将采用多元线性回归方法分析我国的能源情况。

有关对能源消耗影响因素研究的文献非常丰富，以下是利用多元线性回归模型定量分析经济增长、总人口、交通运输业和能源供给总量对能源消耗的影响。

表 2.2 的数据来源于《2012 中国统计年鉴》中 1998－2011 年的国民经济核算、人口、能源及运输和邮电的部分数据，抽取了 14 个样本作为研究对象。

表 2.2　原始数据示例

年份	能源消耗总量 / 万吨标准煤	人均国内生产总值 / 元	总人口	交通工具总数 / 万辆	能源生产总量 / 万吨标准煤
1998	136184	6796	124761	1319.3	129834
1999	140569	7159	125786	1452.94	131935
2000	145531	7858	126743	1608.91	135048
2001	150406	8622	127627	1802.04	143875
2002	159431	9398	128453	2053.17	150656
2003	183792	10542	129227	2382.93	171906
2004	213456	12336	129988	2693.71	196648
2005	235997	14185	130756	3159.66	216219
2006	258676	16500	131448	3697.35	232167
2007	280508	20169	132129	4358.36	247279
2008	291448	23708	132802	5099.61	260552
2009	306647	25608	133450	6280.61	274619
2010	324939	30015	134091	7801.83	296916
2011	348002	35181	134735	9356.32	317987

根据上述数据，建立多元线性回归模型：

$$y_i = \hat{\beta}_0 + \hat{\beta}_1 x_{1i} + \hat{\beta}_2 x_{2i} + \hat{\beta}_3 x_{3i} + \hat{\beta}_4 x_{4i} + e_i \tag{2.2.16}$$

其中，y_i 为能源消耗总量 (万吨标准煤)；x_{1i} 为人均国内生产总值 (元)；x_{2i} 为总人口；x_{3i} 为交通工具总数 (万辆)；x_{4i} 为能源生产总量 (万吨煤)；e_i 为残差。

2.2.2.2　建立模型

（1）导入需要使用的相关模块。

```
import pandas as pd
from sklearn.model_selection import train_test_split
from sklearn.linear_model import LinearRegression
```

（2）数据的读取与划分。

```
df = pd.read_csv(r'C:\Users\liess\Desktop\biaoge1.csv')
X = df.drop(['Y'],axis='columns')
Y = df['Y']
```

```
x_train, x_test, y_train, y_test = train_test_split(X, Y,
    test_size=0.25)
```

（3）模型的搭建。

```
model = LinearRegression()
model.fit(x_train, y_train)
```

（4）在测试集上对模型的效果进行评估。

```
score = model.score(x_test, y_test)
print(score)
```

2.2.3 逻辑回归

逻辑回归 (Logistic Regression) 虽然被称为回归，但其实际上是分类模型，并常用于二分类。逻辑回归因其简单、可并行化、可解释性强深受工业界喜爱。逻辑回归的本质是：假设数据服从逻辑 (Logistic) 分布，然后使用极大似然估计做参数的估计。

Logistic 分布是一种连续型的概率分布，其分布函数和密度函数分别为：

$$F(x) = P(X \leqslant x) = \frac{1}{1 + \mathrm{e}^{-(x-\mu)/\gamma}} \tag{2.2.17}$$

$$f(x) = F'(X \leqslant x) = \frac{\mathrm{e}^{-(x-\mu)/\gamma}}{\gamma(1 + \mathrm{e}^{-(x-\mu)/\gamma})^2} \tag{2.2.18}$$

其中，μ 表示位置参数，$\gamma > 0$ 为形状参数。

Logistic 分布是由其位置和尺度参数定义的连续分布。Logistic 分布的形状与正态分布的形状相似，但是 Logistic 分布的尾部更长，所以我们可以使用 Logistic 分布来建模比正态分布具有更长尾部和更高波峰的数据分布。在深度学习中常用到的 Sigmoid 函数就是 Logistic 的分布函数在 $\mu = 0, \gamma = 1$ 的特殊形式。

之前说到 Logistic 回归主要用于分类问题，我们以二分类为例，对于所给数据集假设存在这样的一条直线可以将数据完成线性可分。决策边界可以表示为 $w_1x_1 + w_2x_2 + b = 0$，假设某个样本点 $h_w(x) = w_1x_1 + w_2x_2 + b > 0$ 那么可以判断它的类别为 1，这个过程其实是感知机。Logistic 回归还需要加一层，它要找到分类概率 $P(Y = 1)$ 与输入向量 x 的直接关系，然后通过比较概率值来判断类别。

考虑二分类问题，给定数据集 $D = (x_1, y_1), (x_2, y_2), \cdots, (x_N, y_N), x_i \subseteq R^n, y_i \in \{0, 1\}$, $i = 1, 2, \cdots, N$。考虑到 $w^{\mathrm{T}}x + b$ 取值是连续的，因此它不能拟合离散变量。

可以考虑用它来拟合条件概率 $p(Y=1|x)$，因为概率的取值也是连续的。

但是对于 $w \neq 0$ (若等于零向量则没有什么求解的价值)，$w^{\mathrm{T}}x+b$ 取值为 R，不符合概率取值为 0 到 1，考虑采用广义线性模型，最理想的是单位阶跃函数：

$$p(y=1 \mid x)=\begin{cases}0, & z<0 \\ 0.5, & z=0 \\ 1, & z>0\end{cases}, \quad z=w^{\mathrm{T}}x+b \tag{2.2.19}$$

但是这个阶跃函数不可微，对数几率函数是一个常用的替代函数：

$$y=\frac{1}{1+\mathrm{e}^{-\left(w^{\mathrm{T}}x+b\right)}} \tag{2.2.20}$$

于是有：

$$y=\frac{1}{1+\mathrm{e}^{\left(w^{\mathrm{T}}x+b\right)}} \tag{2.2.21}$$

这里我们将 y 视为 x 为正例的概率，则 $1-y$ 为 x 为其反例的概率。两者的比值称为几率 (odds)，指该事件发生与不发生的概率比值。若事件发生的概率为 p，则对数几率：

$$\ln(odds)=\ln\frac{y}{1-y} \tag{2.2.22}$$

将 y 视为类后验概率估计，重写公式有：

$$w^{\mathrm{T}}x+b=\ln\frac{P(Y=1 \mid x)}{1-P(Y=1 \mid x)} \tag{2.2.23}$$

$$P(Y=1 \mid x)=\frac{1}{1+\mathrm{e}^{-\left(w^{\mathrm{T}}x+b\right)}} \tag{2.2.24}$$

由上述公式，输出 $Y=1$ 的对数几率是由输入 x 的线性函数表示的模型，这就是逻辑回归模型。当 $w^{\mathrm{T}}x+b$ 的值越接近正无穷，$P(Y=1|x)$ 的概率值也就越接近 1。因此逻辑回归的思路是，先拟合决策边界 (不局限于线性，还可以是多项式)，再建立这个边界与分类的概率联系，从而得到了二分类情况下的概率。在此我们思考一下，使用对数几率的意义在哪里？通过上述推导我们可以看到 Logistic 回归实际上是使用线性回归模型的预测值逼近分类任务真实标记的对数几率，其优点如下：

（1）直接对分类的概率建模，无须实现假设数据分布，从而避免了假设分布不准确带来的问题 (区别于生成式模型)。

（2）不仅可预测出类别，还能得到该预测的概率，这对一些利用概率辅助决策的任务很有用。

（3）对数几率函数是任意阶可导的凸函数，有许多数值优化算法都可以求出最优解。

逻辑回归模型的数学形式确定后，剩下就是如何去求解模型中的参数。在统计学中，常常使用极大似然估计法来求解，即找到一组参数，使得在这组参数下，数据的似然度 (概率) 最大。

这里我们设

$$
\begin{aligned}
P(Y=1 \mid x) &= p(x) \\
P(Y=0 \mid x) &= 1-p(x)
\end{aligned}
\tag{2.2.25}
$$

得到的似然函数为：

$$
L(w)=\prod\left[p\left(x_i\right)\right]^{y_i}\left[1-p\left(x_i\right)\right]^{1-y_i} \tag{2.2.26}
$$

为了更方便求解，我们对等式两边同取对数，写成对数似然函数：

$$
\begin{aligned}
L(w) &= \sum\left[y_i \ln p\left(x_i\right)+\left(1-y_i\right) \ln \left(1-p\left(x_i\right)\right)\right] \\
&= \sum\left[y_i \ln \frac{p\left(x_i\right)}{1-p\left(x_i\right)}+\ln \left(1-p\left(x_i\right)\right)\right] \\
&= \sum\left[y_i\left(w \cdot x_i\right)-\ln \left(1+e^{w \cdot x_i}\right)\right]
\end{aligned}
\tag{2.2.27}
$$

在机器学习中我们有损失函数的概念，其衡量的是模型预测错误的程度。如果取整个数据集上的平均对数似然损失，我们可以得到：

$$
J(w)=-\frac{1}{N} \ln L(w) \tag{2.2.28}
$$

即在逻辑回归模型中，最大化似然函数和最小化损失函数实际上是等价的。

求解逻辑回归的方法非常多，我们这里主要介绍梯度下降和牛顿法。优化的主要目标是找到一个方向，参数朝这个方向移动之后使得损失函数的值能够减小，该方向由一阶偏导或者二阶偏导各种组合求得。逻辑回归的损失函数是：

$$
J(w)=-\frac{1}{n} \sum_{i=1}^n\left(y_i \ln p\left(x_i\right)+\left(1-y_i\right) \ln \left(1-p\left(x_i\right)\right)\right) \tag{2.2.29}
$$

（1）随机梯度下降法。梯度下降是通过 $J(w)$ 对 w 的一阶导数来找下降方向，并且以迭代的方式来更新参数，更新方式为

$$
\begin{aligned}
g_i &= \frac{J(w)}{w_i}=\left(p\left(x_i\right)-y_i\right) x_i \\
w_i^{k+1} &= w_i^k-\alpha g_i
\end{aligned}
\tag{2.2.30}
$$

其中 k 为迭代次数。每次更新参数后，可以通过比较 $\| J(w^{k+1})-J(w^k) \|$ 小于阈值或者到达最大迭代次数来停止迭代。

（2）牛顿法。牛顿法的基本思路是，在现有极小点估计值的附近对 $f(x)$ 做二阶泰勒展开，进而找到极小点的下一个估计值。假设 w^k 为当前的极小值估计值，那么有：

$$\varphi(w)=J\left(w^k\right)+J'\left(w^k\right)\left(w-w^k\right)+\frac{1}{2}J''\left(w^k\right)\left(w-w^k\right)^2 \tag{2.2.31}$$

然后令 $\varphi'(w)=0$，得到了 $w^{k+1}=w^k-\frac{J'(w^k)}{J''(w^k)}$。因此有迭代更新式：

$$w^{k+1}=w^k-\frac{J'(w^k)}{J''(w^k)}=w^k-H_k^{-1}\cdot g_k \tag{2.2.32}$$

其中 H_k^{-1} 为海森矩阵：

$$H_{mn}=\frac{\partial^2 J(w)}{\partial w_m \partial w_n}=h_w(x^{(i)})\left(1-p_w(x^{(i)})\right)x_m^{(i)}x_n^{(i)} \tag{2.2.33}$$

此外，这个方法需要目标函数是二阶连续可微的，本文中的 $J(w)$ 是符合要求的。

Logistic 回归的目的是寻找一个非线性函数 Sigmoid 的最佳拟合参数，求解过程可以由最优化算法来完成。在最优化算法中，最常用的就是梯度上升算法，而梯度上升算法又可以简化为随机梯度上升算法。随机梯度上升算法与梯度上升算法的效果相当，但占用更少的计算资源。此外，随机梯度上升是一个在线算法，它可以在新数据到来时就完成参数更新，而不需要重新读取整个数据集来进行批处理运算。

机器学习的一个重要问题就是如何处理缺失数据。这个问题没有标准答案，取决于实际应用中的需求。现有一些解决方案，每种方案都各有优缺点。下一章将介绍与 Logistic 回归类似的另一种分类算法：支持向量机，它被认为是目前较好的现成的算法之一。

2.2.3.1　案例分析

根据教育部 2020 年发布的统计数据，我国在任的普通高中教师突破 193 万。教师工作稳定，而且有着令人羡慕的寒暑假，加上近年就业形势非常严峻，教师职业再次受到人们的青睐。成为老师首先要具有教师资格证，然后要具有一定的教学能力。这里我们从 2020 年报考某市高中数学老师的录取情况明细中抽取了 10 组数据，如表 2.3 所示，下面我们将用这 10 组数据实现逻辑回归。

2.2.3.2　建立模型

（1）导入相关模块。

表 2.3　2020 年报考某市高中数学老师的录取情况 (部分数据)

教师编号	文化综合成绩/分	面试综合成绩/分	是否录取
054362	70.5	75.3	否
054317	82.1	81.7	是
054372	65.2	94.3	是
054398	73.1	88.5	是
054311	75.6	73.1	否
054314	77.2	91.8	是
054337	80.4	74.8	否
054382	85.2	77.2	是
054309	65.2	72.5	否
054346	60.3	89.8	否

```
import numpy as np
import matplotlib.pyplot as plt
from sklearn.linear_model import LogisticRegression
```

（2）构造数据集，并进行可视化。

```
x_features = np.array([[70.5, 75.3], [75.6, 73.1], [65.2, 72.5],
    [60.3,89.8],[80.4,74.8],[77.2, 91.8], [73.1, 88.5], [65.2,
    94.3],[82.1,81.7],[85.2,77.2]])
y_label = np.array([0, 0, 0, 0,0,1, 1, 1,1,1])
plt.figure()
plt.scatter(x_features[0:5, 0], x_features[0:5, 1], s=50,
    marker='*')
plt.scatter(x_features[5:10, 0], x_features[5:10, 1], s=50,
    marker='o')
plt.title('Dataset')
plt.show()
```

（3）调用逻辑回归模型拟合数据集。

```
lr_clf = LogisticRegression()
lr_clf = lr_clf.fit(x_features, y_label)
```

（4）绘制决策边界，并对最后结果进行可视化。

```
plt.figure()
plt.scatter(x_features[0:5, 0], x_features[0:5, 1], s=50,
    marker='*')
plt.scatter(x_features[5:10, 0], x_features[5:10, 1], s=50,
    marker='o')
plt.title('Dataset')
nx, ny = 200, 100
x_min, x_max = plt.xlim()
y_min, y_max = plt.ylim()
x_grid, y_grid = np.meshgrid(np.linspace(x_min, x_max, nx),
    np.linspace(y_min, y_max, ny))
z_proba = lr_clf.predict_proba(np.c_[x_grid.ravel(),
    y_grid.ravel()])
z_proba = z_proba[:, 1].reshape(x_grid.shape)
plt.contour(x_grid, y_grid, z_proba, [0.5], linewidths=2.,
    colors='blue')
plt.show()
```

这里我们给出最终的带有决策边界的可视化结果，如图 2.2 所示。

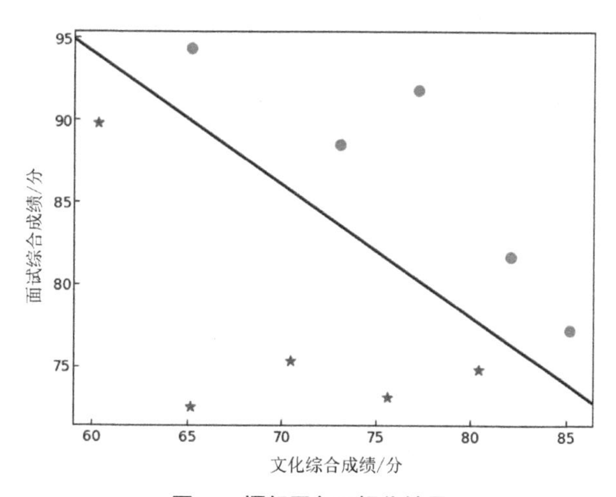

图 2.2　逻辑回归可视化结果

2.3 本章小结

与分类一样，回归也是预测目标值的过程。回归与分类的不同点在于，前者预测连续型变量，而后者预测离散型变量。在回归方程里，求得特征对应的最佳回归系数的方法是最小化误差的平方和。给定输入矩阵 $\boldsymbol{X}$，如果 $\boldsymbol{X}^{\mathrm{T}}\boldsymbol{X}$ 的逆矩阵存在并可以求得的话，回归法都可以直接使用。

回归分析是对具有因果关系的影响因素 (自变量) 和预测对象 (因变量) 所进行的数理统计分析处理。只有当自变量与因变量确实存在某种关系时，建立的回归方程才有意义。因此，作为自变量的因素与作为因变量的预测对象是否有关，相关程度如何，以及判断这种相关程度的把握性多大，就成为进行回归分析必须要解决的问题。进行相关分析，一般要求出相关关系，以相关系数的大小来判断自变量和因变量的相关程度。

2.4 习题

（1）已知直线的回归方程为 $y = 2 - 1.5x$，则变量 x 增加一个单位时，y 的变化情况如何？

（2）在一次试验中，测得 (x, y) 的四组值分别是 $A(1,2), B(2,3), C(3,4), D(4,5)$，则 y 与 x 之间的回归方程是什么？

（3）若一组观测值 $(x_1,y_1)(x_2,y_2)\cdots(x_n,y_n)$ 之间满足 $y_i = bx_i + a + e_i(i = 1, 2, \cdots, n)$ 且 e_i 恒为 0，则 R^2 为多少？

（4）线性回归模型 $y = bx + a + e$(a 和 b 为模型的未知参数) 中，e 称为什么？

（5）某市出租车使用年限 x 和该年支出维修费用 y (万元) 的数据如下：

使用年限 / 年	2	3	4	5	6
维修费用 / 万元	2.2	3.8	5.5	6.5	7.0

① 求线性回归方程。

② 预测第 10 年所支出的维修费用。

（6）以下是某地搜集到的新房屋的销售价格 y 和房屋的面积 x 的数据：

房屋面积 / m^2	115	110	80	135	105
销售价格 / 万元	24.8	21.6	18.4	29.2	22

① 求线性回归方程。

② 估计当前房屋面积为 150m^2 时的销售价格。

第3章 决 策 树

决策树 (decision tree) 是一种非参数的有监督学习方法，能够从一系列有特征和标签的数据中总结出决策规则，并用树状图的结构来呈现这些规则，以解决分类和回归问题。树在分类方法中有着广泛应用，特别是在昆兰 (Quinlan) 于 1986 年提出 ID3 算法以后，决策树方法在机器学习、知识发现领域得到了进一步应用及巨大的发展。决策树着眼于从一组无次序、无规则的事例中推理出决策树表示形式的分类规则，通常用来形成分类器和预测模型，可以对未知数据进行分类或预测等。决策树学习通常包括 3 个步骤：特征选择、决策树的生成和决策树的修剪。

本章首先介绍决策树的基本概念，然后通过一个具体的案例来介绍决策树的相关理论以及优化方案。

3.1 引言

决策树是依据决策建立起来的、用来分类和决策的树结构。概括地说，决策树算法的逻辑可以描述为 if-then，根据样本的特征属性按照“某种顺序”排列成树形结构，将样本的属性取值按照 if-then 逻辑逐个自顶向下分类，最后归结到某一个确定的类中。“某种顺序”是指决策树的属性选择方法。以二叉决策树为例，树形结构由结点和边组成，决策树的结点代表分类问题中样本的某个属性，边的含义为“是”或“否”两种情况，即样本属性取值是否符合当前分类依据。

决策树学习的关键在于选择划分属性。属性的选择流程可简略表述为：首先，计算训练样本中每个属性的“贡献度”，选择贡献度最高的属性作为根结点。根结点下扩展的分枝将依据根结点所代表属性的取值决定 (例如根结点代表的属性为性别，则分枝为男和女)。其次，将已经被选择为结点的属性从候选属性集中剔除，接着不断重复进行候选属性集合中剩余属性的“贡献度”的计算和选择，直至达到预设的模型训练阈值 (例如达到决策树最大深度)。最后，得到一棵能较好拟合训练样本分布的决策树模型。

根据属性选择方法的不同，可以把决策树的生成算法分为 ID3 (iterative dichotomiser 3) 算法、C4.5 算法、CART 算法 (classification and regression tree) 3 种。下面通过具体的案例阐述决策树学习的特征选择、决策树的生成和剪枝过程。

3.2 案例

表 3.1 是一个由 15 个样本组成的某游戏玩家样本数据，数据包括游戏玩家的 3 个特征 (属性)。第 1 个特征是段位，有 3 个可能值：黄金、星耀、宗师；第 2 个特征是 MVP 过均线，有 2 个可能值：是或否；第 3 个特征是单排胜率，有 3 个可能值：低、一般、高；表的最后一列是类别，表示玩家是否为游戏高手，有 2 个取值：是或否。

表 3.1 某游戏玩家样本数据

ID	段位	MVP过均线	单排胜率	类别
1	黄金	否	低	否
2	黄金	否	一般	否
3	黄金	是	高	是
4	黄金	是	一般	否
5	黄金	否	高	否
6	星耀	是	高	是
7	星耀	是	一般	是
8	星耀	否	一般	否
9	星耀	否	低	否
10	星耀	是	低	否
11	宗师	是	低	否
12	宗师	是	一般	是
13	宗师	否	高	是
14	宗师	否	低	否
15	宗师	否	一般	否

利用训练数据可以学习到一个用于判断玩家是否为游戏高手的决策树。

选择不同的特征来划分特征空间会形成不同的决策树，图 3.1 表示从表 3.1 数据中学习到的两个可能的决策树，分别由两个不同特征的根结点构成。图 3.1 (a) 所示的根结点的特征是段位，有 3 个取值，对应于不同的取值有不同的子结点；图 3.1 (b) 所示的根结点的特征是单排胜率，有 3 个取值，这两个决策树都可以从此延续下去，问题是：究竟选择哪个特征会更好? 这就要求选择一个合适的特征。直观上，如果一个特征具有更好的分类能力，或者说，按照这一特征将训练数据集分割成子集，使得各个子集在当前条件下有最好的分类，那么应该选择这个特征，下面介绍特征选择的准则。

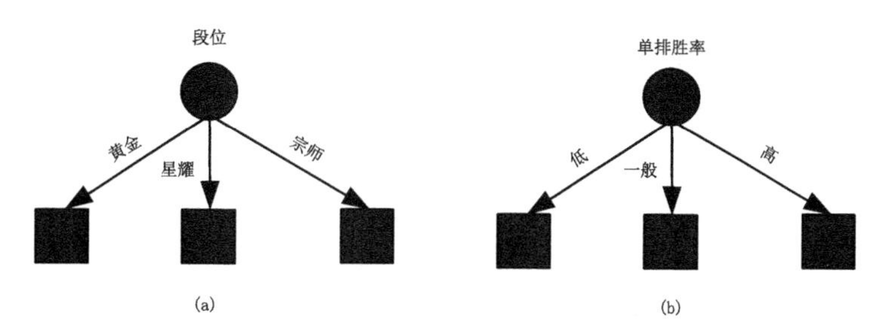

图 3.1 不同特征决定的不同决策树

3.3 决策树

本节介绍决策树的相关基础知识，包括特征选择、决策树生成算法。

3.3.1 特征选择准则

特征选择在于选取对训练数据具有分类能力的特征，这样可以提高决策树学习的效率。如果利用一个特征进行分类的结果与随机分类的结果没有很大差别，则称这个特征是没有分类能力的，经验上扔掉这样的特征对决策树学习的精度影响不大。通常特征选择的准则有信息增益、信息增益率和基尼 (Gini) 指数。

3.3.1.1 信息增益

信息熵是决策树算法用到的重要概念，是度量数据样本集合纯度的一种常用指标。结点的纯度越高表示决策树的分枝结点所包含的样本尽可能属于同一类别。设数据集 $\boldsymbol{D}$ 中有 k 类，第 i 类样本所占比例为 p_i $(i=1,2,\cdots,k)$，则 $\boldsymbol{D}$ 的信息熵 $Ent(\boldsymbol{D})$ (Ent 为 $Entropy$ 简写) 为：

$$Ent(\boldsymbol{D}) = -\sum_{i=1}^{k} p_i \log_2 p_i \tag{3.3.1}$$

计算信息熵时若 $p=0$，则 $p\log_2 p=0$；$Ent(\boldsymbol{D})$ 的值越小，则 $\boldsymbol{D}$ 的纯度越高。当信息熵和条件熵中的概率由数据估计得到时，所对应的熵与条件熵分别称为经验熵 (empirical entropy) 和经验条件熵 (empirical conditional entropy)。

条件熵 $Ent(\boldsymbol{D},a)$ 为在已知特征 a 条件下数据集 $\boldsymbol{D}$ 的不确定性，假设数据集 $\boldsymbol{D}$ 中特征 a 有 n 个取值 $a^1,a^2,\cdots,a^n$，使用特征 a 对数据集 $\boldsymbol{D}$ 进行划分，产生 m 个分枝结点，其中第 m 个分枝结点包含了 $\boldsymbol{D}$ 中特征 a 上取值为 a^n 的样本，记为 $\boldsymbol{D}^n$。

$$Ent(\boldsymbol{D},a) = \sum_{n=1}^{m} \frac{|\boldsymbol{D}|}{|\boldsymbol{D}^n|} Ent(\boldsymbol{D}^n) \tag{3.3.2}$$

信息增益为对数据集 $\boldsymbol{D}$ 使用特征 a 进行划分后，数据集 $\boldsymbol{D}$ 的经验条件熵与数据集 $\boldsymbol{D}$ 的经验信息熵的差值：

$$g(\boldsymbol{D},a)=Ent(\boldsymbol{D})-Ent(\boldsymbol{D},a) \tag{3.3.3}$$

决策树学习应用信息增益准则选择特征，给定训练数据集 $\boldsymbol{D}$ 和特征 a，经验信息熵 $H(\boldsymbol{D})$ 表示对数据集 $\boldsymbol{D}$ 进行分类的不确定性。而经验条件熵 $H(\boldsymbol{D},a)$ 表示在特征 a 给定的条件下对数据集 $\boldsymbol{D}$ 进行分类的不确定性。那么它们的差，即信息增益，就表示由于特征 a 而使得对数据集 $\boldsymbol{D}$ 的分类的不确定性减少的程度。显然，对于数据集 $\boldsymbol{D}$ 而言，信息增益依赖于特征，不同的特征往往具有不同的信息增益。信息增益大的特征具有更强的分类能力。

根据信息增益准则选择特征的流程为：先对训练数据集 (或子集) $\boldsymbol{D}$ 计算其每个特征的信息增益，并选择其信息增益最大时对应的特征。

设训练数据集为 $\boldsymbol{D}$，$|\boldsymbol{D}|$ 为样本个数。设有 m 个类 $\boldsymbol{D}_k\ (k=1,2,\cdots,m)$，$|\boldsymbol{C}_k|$ 为属于类 $\boldsymbol{C}_k$ 的样本个数，$\sum\limits_{k=1}^{m}|\boldsymbol{C}_k|=|\boldsymbol{D}|$。设特征 a 有 q 个不同的取值 $a_1,a_2,\cdots,a_q$，根据特征 a 的取值将 $\boldsymbol{D}$ 划分为 n 个子集 $\boldsymbol{D}_1$，$\boldsymbol{D}_2$，$\cdots$，$\boldsymbol{D}_n$，$|\boldsymbol{D}_i|$ 为 $\boldsymbol{D}_i$ 的样本个数，$\sum\limits_{i=1}^{n}|\boldsymbol{D}_i|=|\boldsymbol{D}|$。记子集 $\boldsymbol{D}_i$ 中属于类 $\boldsymbol{C}_k$ 的样本的集合为 $\boldsymbol{D}_{ik}$，即 $\boldsymbol{D}_{ik}=\boldsymbol{D}_i\cap\boldsymbol{C}_k$，$|\boldsymbol{D}_{ik}|$ 为 $\boldsymbol{D}_{ik}$ 的样本个数。信息增益的算法如表 3.2 所示。

表 3.2 信息增益算法

输入： 训练数据集 $\boldsymbol{D}$ 和特征 a
输出： 特征 a 对训练数据集 $\boldsymbol{D}$ 的信息增益 $g(\boldsymbol{D},a)$
1. 计算数据集 $\boldsymbol{D}$ 的经验信息熵 $H(\boldsymbol{D})$　$H(\boldsymbol{D})=-\sum\limits_{k=1}^{m}\frac{\lvert\boldsymbol{D}\rvert}{\lvert\boldsymbol{C}_k\rvert}\log_2\frac{\boldsymbol{C}_k}{\lvert\boldsymbol{D}\rvert}$
2. 计算特征 a 对数据集 $\boldsymbol{D}$ 的经验条件熵 $H(\boldsymbol{D}\lvert a)$　$H(\boldsymbol{D}\mid a)=\sum\limits_{i=1}^{n}\frac{\lvert\boldsymbol{D}_i\rvert}{\lvert\boldsymbol{D}\rvert}H(\boldsymbol{D}_i)=-\sum\limits_{i=1}^{n}\frac{\lvert\boldsymbol{D}_i\rvert}{\lvert\boldsymbol{D}\rvert}\sum\limits_{k=1}^{m}\frac{\lvert\boldsymbol{D}_{ik}\rvert}{\lvert\boldsymbol{D}_i\rvert}\log_2\frac{\boldsymbol{D}_{ik}}{\lvert\boldsymbol{D}_i\rvert}$
3. 计算信息增益　$g(\boldsymbol{D},a)=H(\boldsymbol{D})-H(\boldsymbol{D},a)$

3.3.1.2 信息增益率

假设某个属性有大量不同的值，使用信息增益准则的决策树在选择属性时，将会更偏向选择该属性，但这通常会导致过拟合，信息增益率 (information gain ratio) 的提出是为了避免决策树的过拟合导致决策树不具有泛化能力，定义为

$$g_r(\boldsymbol{D},a)=\frac{g(\boldsymbol{D},a)}{H(\boldsymbol{D})} \tag{3.3.4}$$

3.3.1.3 *Gini* 指数

Gini 指数代表属性分类的不确定性，其值越小，代表不确定性越低，通常用于选择最优特征的标准。用 *Gini* 指数替换原来的熵值计算，解决了对数复杂的计算，使运算变为简单的加减乘除，大大提高了计算效率。基于 *Gini* 指数作为属性分裂标准的决策树经典代表算法为 CART 算法。*Gini* 公式如下，p_i 代表样本属于第 i 类的概率，样本被错分的概率为 $1 - p_i$。

$$Gini(p) = \sum_{i=1}^{m} p_i(1 - p_i) = 1 - \sum_{i=1}^{m} p_i^2 \tag{3.3.5}$$

对于二类分类同题，若样本点属于第 1 个类的概率是 p，则概率分布的基尼指数为：

$$Gini(p) = 2p(1 - p) \tag{3.3.6}$$

根据基尼指数定义，可以得到样本集合 $\boldsymbol{D}$ 的基尼指数，其中 $\boldsymbol{C}_k$ 表示数据集 $\boldsymbol{D}$ 中属于第 k 类的样本子集。

$$Gini(\boldsymbol{D}) = 1 - \sum_{k=1}^{m}(\frac{|\boldsymbol{C}_k|}{|\boldsymbol{D}|})^2 \tag{3.3.7}$$

如果数据集 $\boldsymbol{D}$ 根据特征 a 在某一取值 a' 上进行分割，得到 $\boldsymbol{D}_1$，$\boldsymbol{D}_2$ 两部分后，那么在特征 a 下集合 $\boldsymbol{D}$ 的基尼指数如式 3.3.8 所示。其中基尼指数 $Gini(\boldsymbol{D})$ 表示集合 $\boldsymbol{D}$ 的不确定性，基尼指数 $Gini(\boldsymbol{D}, a)$ 表示在特征 $a = a'$ 下分割后集合 $\boldsymbol{D}$ 的不确定性。基尼指数越大，样本集合的不确定性越大。

$$Gini(\boldsymbol{D}, a) = \frac{|\boldsymbol{D}_1|}{|\boldsymbol{D}|}Gini(\boldsymbol{D}_1) + \frac{|\boldsymbol{D}_2|}{|\boldsymbol{D}|}Gini(\boldsymbol{D}_2) \tag{3.3.8}$$

3.3.2 决策树生成算法

使用不同的特征选择准则衍生出了多种决策树生成算法，常用的生成算法有 ID3、C4.5、CART 算法。

3.3.2.1 ID3 算法

ID3 算法 (表 3.3) 是以信息增益作为特征分裂准则构建决策树模型的，具体方法是：从根结点开始，首先计算各个特征的信息增益，选择信息增益最大的特征作为结点分裂的标准，由该特征的不同取值建立子结点；再对子结点递归地调用上述方法构建决策树；最后直到所有特征的信息增益均很小或没有特征可以选择为止，得到一个决策树。

表 3.3 ID3 算法

输入: 训练数据集 $\boldsymbol{D}$，特征集 $\boldsymbol{a}$，阈值 ξ
输出: 决策树 T
1. 若 $\boldsymbol{D}$ 中所有实例属于同一类 $\boldsymbol{C_k}$，则 T 为单结点树，并将类 $\boldsymbol{C_k}$ 作为该结点的类标记，返回 T
2. 若 $A=\varnothing$，则 T 为单结点树，并将 $\boldsymbol{D}$ 中实例数最大的类 $\boldsymbol{C_k}$ 作为该结点的类标记，返回 T
3. 否则，按表 3.2 中的算法计算 $\boldsymbol{a}$ 中各个特征对 $\boldsymbol{D}$ 的信息增益，选择信息增益最大的特征 $\boldsymbol{a_g}$
4. 如果 $\boldsymbol{a_g}$ 的信息增益小于阈值 ξ，则置 T 为单结点树，并将 $\boldsymbol{D}$ 中实例数最大的类 $\boldsymbol{C_k}$ 作为该结点的类标记，返回 T
5. 否则，对 $\boldsymbol{a_g}$ 的每一可能值 a_i，依 $\boldsymbol{a_g}=a_i$ 将 $\boldsymbol{D}$ 分割为若干非空子集$\boldsymbol{D_i}$，将 $\boldsymbol{D_i}$ 中实例数最大的类作为标记。构建子结点，由结点及其子结点构成树 T，返回 T
6. 对第 i 个子结点。以 $\boldsymbol{D_i}$ 为训练集，以 $\boldsymbol{a}-\{\boldsymbol{a_g}\}$ 为特征集，递归地调用步骤 1 至步骤 5，得到子树 T_i，返回 T_i

3.3.2.2 C4.5 算法

C4.5 算法 (表 3.4) 是一种以信息增益率作为特征分裂标准的决策树，是在ID3 算法基础上的一种改进。相比于 ID3 算法，改进有以下几点：① C4.5 使用信息增益率来选择属性；② 在决策树构造的过程中进行剪枝，因为具有很少元素的结点可能会使决策树过拟合；③ 对非离散数据和不完整数据也能处理。

表 3.4 C4.5 算法

输入: 训练数据集 $\boldsymbol{D}$，特征集 $\boldsymbol{a}$，阈值 ξ
输出: 决策树 T
1. 如果 $\boldsymbol{D}$ 中所有实例属于同一类 $\boldsymbol{C_k}$，则置 T 为单结点树，并将 $\boldsymbol{C_k}$ 作为该结点的类，返回 T
2. 若 $A=\varnothing$，则 T 为单结点树，并将 $\boldsymbol{D}$ 中实例数最大的类 $\boldsymbol{C_k}$ 作为该结点的类标记，返回 T
3. 否则，按公式 3.3.4 计算 $\boldsymbol{a}$ 中各特征对 $\boldsymbol{D}$ 的信息增益率，选择信息增益率最大的特征 $\boldsymbol{a_g}$
4. 如果 $\boldsymbol{a_g}$ 的信息增益率小于阈值 ξ，则置 T 为单结点树，并将 $\boldsymbol{D}$ 中实例数最大的类 $\boldsymbol{C_k}$ 作为该结点的类标记，返回 T
5. 否则，对 $\boldsymbol{a_g}$ 的每一可能值 a_i，依 $\boldsymbol{a_g}=a_i$ 将 $\boldsymbol{D}$ 分割为若干非空子集 D_i，将 D_i 中实例数最大的类作为标记。构建子结点，由结点及其子结点构成树 T，返回 T
6. 对第 i 个子结点。以 D_i 为训练集，以 $\boldsymbol{a}-\{\boldsymbol{a_g}\}$ 为特征集，逐归地调用步骤 1 至步骤 5，得到子树 T_i，返回 T_i

3.3.2.3 CART 算法

Classification And Regression Tree，即分类回归树算法，简称 CART 算法 (表 3.5)，它是决策树的一种实现。CART 算法是一种二分递归分割技术，把当前样本划分为两个子样本，使得生成的每个非叶子结点都有两个分支，因此 CART 算法生成的决策树是结构简洁的二叉树。由于 CART 算法生成的是一个二叉树，它在每一步的决策时只能是“是”或者“否”，即使一个特征有多个取值，也会把数据分为两部分。在 CART 算法中主要分为两个步骤：

（1）决策树生成：基于训练数据集生成决策树，生成的决策树要尽量大。

（2）决策树剪枝：用验证数据集对已生成的树进行剪枝并选择最优子树。这时使用损失函数最小作为剪枝的标准。

CART 算法每一步只对某一个指标做出划分。如果特征是离散的取值，那么就将每个特征的每个不同的取值作为二叉树的判定标准，并将其大于或者小于等于该值分成两类，计算以该结点分类后的新结点的基尼指数，以两个子结点的样本数占比进行加权计算；如果特征是连续的取值，那么以每两个相邻的特征取值的算术平均进行离散化。

具体来说，如果某一个特征 a 有 $|\boldsymbol{D}| = n$ 个连续的属性，那么对应的取值从小到大排列为 a_1，$a_2,\cdots$，a_n，以 $T = \{t|t\frac{a_i + a_{i+1}}{2}, 1 < i < n-1\}$ 为其 $n-1$ 个划分点，将特征 a 离散化。

CART 分类树利用基尼指数作为最优特征的判定标准，同时决定该特征的最优二值切分点。

表 3.5　CART 算法

输入: 训练数据集 $\boldsymbol{D}$，停止计算的条件

输出: CART 决策树 T

根据训练数据集，从根结点开始，递归地对每个结点进行以下操作，构建二叉决策树：

1. 设结点的训练数据集为 $\boldsymbol{D}$，计算现有特征对该数据集的基尼指数，此时，对每一个特征 a，对其可能取的每个值 a'，根据样本点对 $a = a'$ 的测试为“是”或“否”将 $\boldsymbol{D}$ 分割成 $\boldsymbol{D}_1$ 和 $\boldsymbol{D}_2$ 两部分，利用式 3.3.8 计算 $a = a'$ 时的基尼指数
2. 在所有可能的特征 a 以及它们所有可能的切分点中，选择基尼指数最小的特征及其对应的切分点作为最优特征与最优切分点。根据最优特征与最优切分点，从现结点生成两个子结点，将训练数据集依特征分配到两个子结点中去
3. 对两个子结点递归地调用步骤 1 和步骤 2，直至满足停止条件
4. 生成 CART 决策树 T

算法停止计算的条件是结点中的样本个数小于预定阈值，或样本集的基尼指数小于预定阈值 (样本基本属于同一类)，或者没有更多特征。

3.4　案例求解

本小节采用 CART 算法来对表 3.1 中的数据进行建模和优化，并给出部分计算步骤、python 代码及可视化结果。

3.4.1 问题分析

现在构造一个决策树来拟合表 3.1 的数据，根据前 3 列的特征数据 (不包括 ID 列)，训练出一个 CART 决策树模型来判断某个游戏玩家是不是游戏高手。

先将表 3.1 的数据转换成计算机所能处理的数据，如表 3.6 所示。

表 3.6 游戏玩家样本数据数字化

ID	段位	MVP过均线	单排胜率	类别
1	0	0	0	0
2	0	0	1	0
3	0	1	2	1
4	0	1	1	0
5	0	0	2	0
6	1	1	2	1
7	1	1	1	1
8	1	0	1	0
9	1	0	0	0
10	1	1	0	0
11	2	1	0	0
12	2	1	1	1
13	2	0	2	1
14	2	0	0	0
15	2	0	1	0

然后计算各个特征的基尼指数。选择最优特征及其最优切分点。a_1，a_2，a_3 分别表示段位、MVP 过均线、单排胜率 3 个特征。在 sklearn 的决策树的 CART 算法的实现中，没有所谓的离散变量的特征，它将所有的特征均视为连续特征，把连续特征离散化以进行分类。所以，对于段位特征来说，其分类的标准是以 0.5 和 1.5 为界限；对于 MVP 过均线来说，其分类标准是以 0.5 为界限；对于单排胜率来说，其分类的标准是以 0.5 和 1.5 为界限。现在依次计算上述指标为二分类标准时对应的基尼指数，如表 3.7 所示。

表 3.7 分类标准

	标准	基尼指数
段位	0.5	0.427
段位	1.5	0.440
MVP过均线	0.5	0.345
单排胜率	0.5	0.333
单排胜率	1.5	0.318

对于基尼指数具体的计算过程，举一个为例，如果以 MVP 是否过均线为界限，那么会得到表 3.8 所示的状态表。

表 3.8　状态表

	MVP 过均线	MVP 未过均线
不是高手	3	7
是高手	4	1

假设过 MVP 次数均线的数据集为 $\boldsymbol{D}_1$，未过 MVP 次数均线的数据集为 $\boldsymbol{D}_2$，则有 $|\boldsymbol{D}_1| = 7$，$|\boldsymbol{D}_2| = 8$，且有：

$$
\begin{aligned}
Gini(\boldsymbol{D}_1) &= 1 - p_{NGS}^2 - p_{GS}^2 = 1 - (\frac{3}{7})^2 - (\frac{4}{7})^2 = 0.219 \\
Gini(\boldsymbol{D}_2) &= 1 - p_{NGS}^2 - p_{GS}^2 = 1 - (\frac{7}{8})^2 - (\frac{1}{8})^2 = 0.4849
\end{aligned} \tag{3.4.1}
$$

其中 p_{NGS} 代表不是高手的先验概率，p_{GS} 代表是高手的先验概率。则

$$
Gini(\boldsymbol{D}|MVP = 0.5) = \frac{|\boldsymbol{D}_1|}{|\boldsymbol{D}|}Gini(\boldsymbol{D}_1) + \frac{|\boldsymbol{D}_2|}{|\boldsymbol{D}|}Gini(\boldsymbol{D}_2) = \frac{8}{15} \times 0.219 + \frac{7}{15} \times 0.490 = 0.345 \tag{3.4.2}
$$

从表 3.7 可以看出，基尼指数最小的是以单排胜率=1.5 为界限的分裂，那么对得到的两个子集 $\boldsymbol{D}_1$ 与 $\boldsymbol{D}_2$ 做同样的计算，最终可以得到完整的决策树。

3.4.2　建立模型

导入模型所需要的相关库。先从 sklearn 中导入模块 tree；导入 numpy 生成数据；从 io 库中导入 StringIO 模块，StringIO 是用来将字符串读入内存的模块；导入 pydotplus 用来将导入内存的字符串转化为图像。

```
from sklearn import tree
import numpy as np
from io import StringIO
import pydotplus
```

利用 numpy 的 array 数组写入我们需要的数据，X 是一个 15×3 的矩阵，表示特征；y 是 15×1 的列向量，表示是否为游戏高手的类别。

```
X = np.array([[0, 0, 0], [0, 0, 1], [0, 1, 2], [0, 1, 1], [0, 0, 2],
             [1, 1, 2], [1, 1, 1], [1, 0, 1], [1, 0, 0], [1, 1, 0],
             [2, 1, 0], [2, 1, 1], [2, 0, 2], [2, 0, 0], [2, 0, 1]
             ])
y = np.array([[0], [0], [1], [0], [0],
             [1], [1], [0], [0], [0],
             [0], [1], [1], [0], [0]])
```

实例化类 tree.DecisionTreeClassifier() 为 tree_model，其中有 4 个初始化参数最为重要：一是判断纯度的标准 criterion，可以取“gini”或者“entropy”；二是设定树的最大深度 max_depth，默认值为 None，即没有限制，如果设定为某个整数 k，则某个分支的深度达到 k 之后就不再分裂；三是每个叶结点样本数的最小值 min_samples_leaf，默认为 1；四是后剪枝算法中的参数 ccp_alpha，默认值为 0，即不进行后剪枝。实例化完之后利用 tree_model.fit(X, y)就可以训练模型。

```
tree_model = tree.DecisionTreeClassifier(criterion='gini',
                                         max_depth=None,
                                         min_samples_leaf=1,
                                         ccp_alpha=0.0)
tree_model.fit(X, y)
```

后面的工作是用来可视化得到的决策树，首先创建一个内存空间名为 dot_data 的变量；其次指定生成的决策树中特征变量 X 对应的指标名字以及类的名字，利用 tree 模块中自带的 tree.export_graphviz() 函数将模型中的数据传入内存 dot_data 中，后面 3 个参数是用来修改最后树的形状的，可以自行设定；最后通过 pydotplus 画出树，并存到文件“cart.pdf”中。

```
dot_data = StringIO()
feature_names = ['DW', 'MVP', 'DPSL']
target_names = ['Yes', 'No']
tree.export_graphviz(tree_model,
                     out_file=dot_data,
                     feature_names=feature_names,
                     class_names=target_names,
                     filled=True,
                     rounded=True,
                     special_characters=True)
graph = pydotplus.graph_from_dot_data(dot_data.getvalue())
graph.write_pdf("cart.pdf")
```

3.4.3 优化求解 (剪枝)

剪枝 (pruning) 的目的是避免决策树模型的过拟合，因为决策树算法在学习的过程中是为了尽可能正确地对训练样本进行分类，不停地对结点进行划分会导致整棵树的分枝过多。这样产生的决策树往往对训练数据的分类很准确，但对未知的测试数据的分类却没有那么准确，即出现过拟合现象。决策树的剪枝策略最基本的有两种：预剪枝 (pre-pruning) 和后剪枝 (post-pruning)。

预剪枝的核心思想是在树中结点进行扩展之前，先计算当前的划分是否能带来模型泛化能力的提升，如果不能，则不再继续生长子树。此时可能存在不同类别的样本同时存于结点中，可以按照多数投票的原则判断该结点所属类别。预剪枝对于何时停止决策树的生长有以下几种方法：

（1）当树达到一定深度的时候，停止树的生长。

（2）当到达当前结点的样本数量小于某个阈值的时候，停止树的生长。

（3）计算每次分裂对测试集的准确度的提升，当小于某个阈值的时候，不再继续生长。

预剪枝具有思想直接、算法简单、效率高等特点，适合解决大规模数据的问题。但是，对于上述阈值，需要经验判断。此外，预剪枝有欠拟合的风险。对于预剪枝，我们可以在代码中使用参数最大深度 max_depth、叶节点最小样本数量 min_samples_leaf 等方式做到。

后剪枝的核心思想是让算法生成一颗完全生长的决策树，然后自底向上计算是否剪枝。剪枝过程将子树删除，用一个叶子结点替代，该结点的类别同样用投票决定。同样，后剪枝也可以通过在测试集上的准确率来判断，如果剪枝过后准确率有所提升，则进行剪枝。相比于预剪枝，后剪枝的泛化能力更强，但是计算开销会更大。

后剪枝常用方法：错误率降低剪枝 (reduced error pruning，REP)、悲观剪枝 (pessimistic error pruning，PEP)、代价复杂度剪枝 (cost complexity pruning，CCP)、最小误差剪枝 (minimum error pruning，MEP) 等。在 sklearn 库中所运用的后剪枝算法是 CCP 算法，参数 ccp_alpha 是与之相关的参数。

CCP 代价复杂度剪枝分两步。

第一步：在所有非叶子结点中寻找代价复杂度参数最小的节点，其中代价复杂度参数 α 为

$$
\begin{aligned}
\alpha &= \frac{R(T)-R(T_t)}{L(T)-1} \\
R(T) &= e(T)\times p(T) \\
R(T_t) &= \sum_{t\in T} e(t)\times p(t)
\end{aligned}
\tag{3.4.3}
$$

其中 $e(T)$ 为错分率，$p(T)$ 为该结点所覆盖的样本量占总样本量的比例，$L(T)$ 为 T 结点下叶子结点的个数。

第二步：不断地对代价复杂度最小的结点进行剪枝 (有多个结点同时取到最小值时取叶子结点最多的结点)，直到只剩下根节点，可得到一系列的剪枝数

$T_0, T_1, T_2, \cdots, T_m$，其中 T_0 为原始的决策树，T_m 为根结点，T_{i+1} 为 T_i 剪枝后的结果。在这一系列的剪枝树中，根据实际的误差估计决定最优的决策树。

代价复杂度参数 α 可以理解为代价和复杂度之间的关系，剪枝后叶子节点的个数 (复杂度) 减少，但是错分样本个数 (代价) 增多了。CCP 是在一系列子树中选择最优树，因此结果也较为准确。

3.4.4 结果可视化

通过 sklearn.tree 中内置的可视化工具将决策树进行可视化，得到图 3.2 所示的决策树。

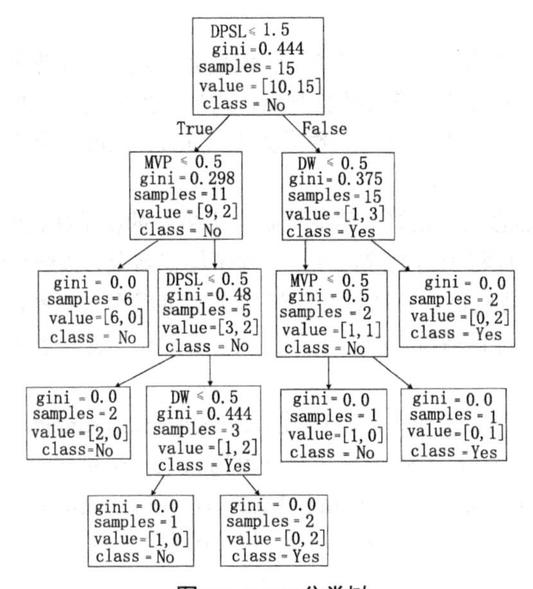

图 3.2 CART 分类树

在这个决策树中，每个非叶子结点的第一行是分裂该结点所用的标准的名字以及数量指标；第二行表示判断纯度的指标；第三行是该结点所含样本数量；第四行表示不同的类别分别有多少样本数；第五行是该结点被标记的类别，以样本数量最多的那个类别为该结点的类别。

3.5 本章小结

（1）分类决策树模型是表示基于特征对实例进行分类的树形结构。决策树可以转换成一个 if-then 规则的集合。

（2）决策树学习旨在构建一个与训练数据拟合很好，并且复杂度小的决策树。因为从可能的决策树中直接选取最优决策树是 NP 完全问题。现实中采用启发式方法学习次优的决策树。

决策树学习算法包括 3 部分：特征选择、决策树的生成和决策树的剪枝、常用的算法有 ID3、C4.5 和 CART 算法。

（3）特征选择的目的在于选取对训练数据能够分类的特征。特征选择的关键是其准则，常用的准则有信息增益、信息增益率以及基尼指数。

（4）决策树的生成。通常使用信息增益最大、信息增益率最大或基尼指数最小作为特征选择的准则。CART 决策树的生成往往通过计算基尼指数或其他指标，从根结点开始，递归地产生决策树。

（5）决策树的剪枝。由于生成的决策树存在过拟合问题，需要对它进行剪枝，以简化学到的决策树。决策树的剪枝，往往从已生成的树上剪掉一些叶结点或叶结点以上的子树，并将其父结点或根结点作为新的叶结点，从而简化生成的决策树。

3.6　习题

（1）证明 CART 剪枝算法中，当 α 确定时，存在唯一的最小子树 T_α 使损失函数 $C_\alpha(T)$ 最小。

（2）证明 CART 剪枝算法中求出的子树序列 $\{T_0, T_1, \cdots, T_n\}$ 分别是区间 $\alpha \in [\alpha_i, \alpha_{i+1})$ 的最优子树 T_α，这里 $i = 0, 1, \cdots, n, 0 = \alpha_0 < \alpha_1 < \cdots, \alpha_n < +\infty$。

（3）如果训练集有 100 万个实例，训练决策树 (无约束) 大致的深度是多少？

（4）通常来说，子节点的基尼不纯度是高于还是低于其父节点？是通常更高/更低？还是永远更高/更低？

（5）如果决策树过度拟合训练集，减少最大深度是否为一个好主意？

（6）如果决策树对训练集拟合不足，尝试缩放输入特征是否为一个好主意？

第 4 章　贝叶斯分类器

人工智能、无人驾驶、语音图片识别与大数据有什么关系？海难空难如何搜救？垃圾短信、垃圾邮件如何识别？这些看起来彼此不相关的领域之间会有什么联系吗？答案是，它们都会用到同一个数学公式，就是贝叶斯公式。这个公式虽然看起来很简单，但却有着深刻的内涵。

与计算机的结合使贝叶斯公式巨大的实用价值进一步体现出来，这不但为我们提供了一条全新的问题解决路径，更是带来工具和理念的革命。其 20 世纪 80 年代在自然语言处理领域的成功，开始引起学术界的广泛注意和重视。计算能力的不断提高和大数据的出现使它的威力日益显现。

4.1　引言

贝叶斯分类器是一类分类算法的总称。这类算法均以贝叶斯定理为基础，故统称为贝叶斯分类器。贝叶斯分类器作为模式识别经典算法之一，有着极其重要的地位和用途。贝叶斯分类器是各种分类器中分类错误概率最小或者在预先给定代价的情况下平均风险最小的分类器。

它的设计方法是一种最基本的统计分类方法。其分类原理是通过某对象的先验概率，利用贝叶斯公式计算出其后验概率，即该对象属于某一类的概率，选择具有最大后验概率的类作为该对象所属的类。而朴素贝叶斯分类器是贝叶斯分类器中最简单，也是最常见的一种分类方法。并且，朴素贝叶斯算法仍然是流行的十大挖掘算法之一，该算法是有监督的学习算法，解决的是分类问题。该算法的优点在于简单易懂、学习效率高，在某些领域的分类问题中能够与决策树、神经网络相媲美。但由于该算法以自变量之间的独立 (条件特征独立) 性和连续变量的正态性假设为前提，就会导致算法精度在某种程度上受影响。

4.2　案例

在现实生活中，我们很难知道事情的全貌。贝叶斯则从实际场景出发，提了一个问题：如果我们事先不知道袋子里面黑球和白球的比例，那么通过我们摸出来的球的颜色，能判断出袋子里面黑白球的比例吗？正是这样的一个问题，影响了接下来近 200 年的统计学理论。

这是因为，贝叶斯原理与其他统计学推断方法截然不同，它是建立在主观判断的基础上：在我们不了解所有客观事实的情况下，同样可以先估计一个值，然后根据实际结果不断进行修正。

我们将一枚硬币抛向空中，落地时正面和反面的概率都是 50%，这是常识。但如果我们抛 100 次，正面和反面的次数并不会都是 50，有可能正面 40 次，反面 60 次。那抛 1000 次、10000 次呢，正面反面的次数有可能还不会是五五开。只有将硬币抛无数次，正面和反面出现的次数才会趋向于相等。也就是说，正面和反面出现的概率 50% 是一个极限、客观的概率，并不会随着抛掷次数的增减而变化。

但是贝叶斯定理与这个精确客观的概率不同，它要求当事人估计一个主观的先验概率，再根据随后观察到的事实进行调整，随着调整次数的增加，结果将会越来越精确。这里有一个问题，数学不是讲究客观吗？这里怎么冒出一个主观概率出来？这也是当时的学者质疑贝叶斯的问题。事实上，贝叶斯定理在 17 世纪提出后，一直受到冷落，直到 20 世纪 30 年代电子计算机出现后才得到广泛应用。如今我们每天都在和贝叶斯定理打交道：你上搜索引擎搜寻问题，背后的算法中就有贝叶斯公式的身影；你邮箱里的垃圾邮件，很有可能就是运用贝叶斯定理帮你拦截的。

为什么会出现这种情况？因为贝叶斯定理符合人类认知事物的自然规律。我们并非生而知之，大多数时候，面对的是信息不充分、情况不确定，这个时候我们只能在有限资源的情况下，作出决定，再根据后续的发展进行修正。实际上，这也是科学研究的步骤。

贝叶斯分类器是一种比较有潜力的数据挖掘工具，它本质上是一种分类手段，但是它的优势不仅仅在于高分类准确率，更重要的是，它会通过训练集学习一个因果关系图（有向无环图）。如在医学领域，贝叶斯分类器可以辅助医生判断病情，并给出各症状影响关系，这样医生就可以有重点地分析病情并给出更全面的诊断。

进一步来说，在面对未知问题的情况下，可以从该因果关系图入手分析，而贝叶斯分类器此时充当的是一种辅助分析问题领域的工具。如果我们能够提出一种准确率很高的分类模型，那么无论是辅助诊疗还是辅助分析的作用都会非常大甚至起主导作用，可见贝叶斯分类器的研究是非常有意义的。在“4.4”中，我们将通过一个诊断癌症的案例，来构建贝叶斯网络。

4.3 理论介绍

本节分别从贝叶斯分类原理、贝叶斯决策论、极大似然估计和朴素贝叶斯算法这 4 方面来介绍相关理论知识。

4.3.1 贝叶斯分类原理

假设存在样本 $\boldsymbol{x} \in \mathbb{R}^m$，其中的 m 称之为样本的维度。某一样本配对的类别属性有第一类 $w = w_1$，第二类 $w = w_2$。$P(w_1)$ 和 $P(w_2)$ 来表示其先验概率，样本分布密度表示为$P(\boldsymbol{x})$。类条件概率密度为$P(\boldsymbol{x}|w_1)$ 和$P(\boldsymbol{x}|w_2)$，这个概率也经常被称之为似然概率。

让我们考虑一个情景：

给 n 个样本作为已知的训练集 $\boldsymbol{X} = \{\boldsymbol{x}_1, \boldsymbol{x}_2, \cdots, \boldsymbol{x}_n\}$，其对应的标签为 $\boldsymbol{Y} = \{\boldsymbol{y}_1, \boldsymbol{y}_2, \cdots, \boldsymbol{y}_n\}$，先给你一个新的样本 $\boldsymbol{x}$，需要预测其标签。

这个就是基本的分类问题的情景，为了简便，不妨将这里的标签看成是二分类标签 $\boldsymbol{y}_i = \{-1, +1\}$。我们可以将这个分类问题等价为求 $P(w_1|\boldsymbol{x})$ 和 $P(w_2|\boldsymbol{x})$ 的概率大小，一般来说，如果 $P(w_1|\boldsymbol{x}) > P(w_2|\boldsymbol{x})$，那么就可以将其判断为第一类，反之亦然。

依据贝叶斯公式有：

$$P(w_i|\boldsymbol{x}) = \frac{P(w_i, \boldsymbol{x})}{P(\boldsymbol{x})} = \frac{P(w_i)P(\boldsymbol{x}|w_i)}{\sum\limits_{j=1}^{m} P(w_j)P(\boldsymbol{x}|w_j)} \tag{4.3.1}$$

由于对 $P(w_1|\boldsymbol{x})$ 和 $P(w_2|\boldsymbol{x})$ 而言，都有 $P(\boldsymbol{x})$，因此，在分类问题中一般可以忽略这个项，则

$$P(w_i|\boldsymbol{x}) \propto P(w_i)P(\boldsymbol{x}|w_i) \tag{4.3.2}$$

其中，$P(w_i)$ 称之为先验概率； $P(\boldsymbol{x}|w_i)$ 称之为似然概率，或者称之为类条件概率；$P(w_i|\boldsymbol{x})$ 称之为后验概率。其中，因为我们已经有了先前样本 $\boldsymbol{X}$ 以及其对应的标签 $\boldsymbol{Y}$，因此可以估计出先验概率和似然概率。

通过人工的先验概率和从已有数据中学习到的似然概率，得到后验概率，而后验概率为分类提供依据。

4.3.2 贝叶斯决策论

贝叶斯决策论 (Bayesian decision theory) 是基于概率框架下的决策，基于概率和误判损失选择最优的类别标记。

机器学习整个过程可以分为两个阶段，一是推理 (inference) 阶段，二是决策 (decision) 阶段。

推理阶段主要是从训练样本集中估计出 $P(\boldsymbol{x},\boldsymbol{t})$ 分布，决策阶段是根据这个联合概率分布，如何作出一个合理的决策，对样本进行分类。

决策论指导我们如何根据在推理阶段得出的 $P(\boldsymbol{x},\boldsymbol{t})$ 分布进行合理的分类。一般来说，决策策略可分为最小错误分类率策略和最小期望损失策略，我们分别介绍下。

1. 最小错误率

最小分类错误率策略的主要目的就是让分类错误率最小化，考虑二分类情况，将类别 1 的物体分类到了 2 或者相反就是误分类了，数学表达式为：

$$
\begin{aligned}
P(mistake) &= P(\boldsymbol{x}\in\mathcal{R}_1,C_2)+P(\boldsymbol{x}\in\mathcal{R}_2,C_1) \\
&= \int_{\mathcal{R}_1} P(\boldsymbol{x},C_2)\mathrm{d}\boldsymbol{x}+\int_{\mathcal{R}_2} P(\boldsymbol{x},C_1)\mathrm{d}\boldsymbol{x}
\end{aligned}
\tag{4.3.3}
$$

其中 $\mathcal{R}_k$ 称之为决策区域，如果输入向量在决策区域 k 下，那么该输入向量的所有样本都是被预测为 k 类。$P(\boldsymbol{x}\in\mathcal{R}_i,C_j)$ 表示将属于类别 j 的样本分类到类别 i。

如图 4.1 所示，其中 $\hat{\boldsymbol{x}}$ 表示决策边界，大于 $\hat{\boldsymbol{x}}$ 将会被预测为第二类，小于则会被预测为第一类，因此，决策错误率就是 A 区域、B 区域和 C 区域的面积。

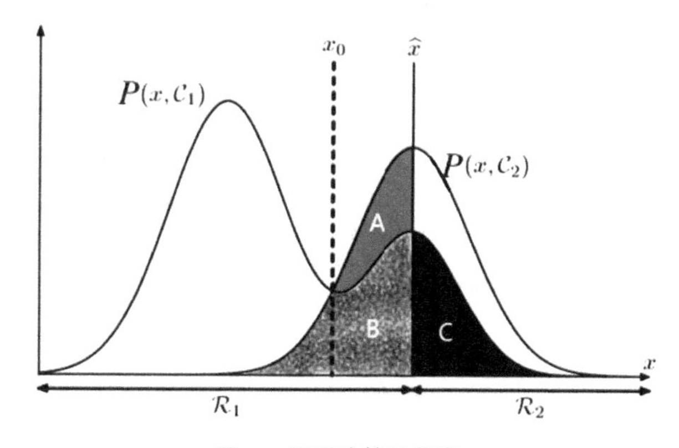

图 4.1　两类决策示意图

我们可以清楚地发现，不管 $\hat{\boldsymbol{x}}$ 怎么移动，B 区域和 C 区域的和是一个常数，只有 A 区域会变化。因此直观上看，只有当 $\hat{\boldsymbol{x}}=\hat{\boldsymbol{x}}_0$ 的时候，也就是 $P(\boldsymbol{x},C_1)=P(\boldsymbol{x},C_2)$ 的时候，才会有最小分类错误率。

我们有：

$$
\begin{aligned}
&P(\boldsymbol{x},C_1)=P(\boldsymbol{x},C_2) \\
&\Rightarrow P(C_1|\boldsymbol{x})P(\boldsymbol{x})=P(C_2|\boldsymbol{x})P(\boldsymbol{x}) \\
&\Rightarrow P(C_1|\boldsymbol{x})=P(C_2|\boldsymbol{x})
\end{aligned}
\tag{4.3.4}
$$

也就是说，当 $P(C_1|\boldsymbol{x}) > P(C_2|\boldsymbol{x})$ 时，选择 C_1 作为理论分类错误率最小的选择。选择具有最大后验概率的类别作为预测结果能够达到最小分类错误率，这被称为最大后验概率原则。

当类别多于 2 类时，比如有 K 类时，计算正确率更方便。

$$P(correct) = \sum_{k=1}^{K} P(\boldsymbol{x} \in \mathcal{R}_m, C_k) = \sum_{k=1}^{K} \int_{\mathcal{R}_k} P(\boldsymbol{x}, C_k)\mathrm{d}\boldsymbol{x} \tag{4.3.5}$$

同理的，同样是选择具有最大后验概率的类别作为预测结果，能够达到最小分类错误率。

$$\begin{aligned} P(mistake) &= P(\boldsymbol{x} \in \mathcal{R}_1, C_2) + P(\boldsymbol{x} \in \mathcal{R}_2, C_1) \\ &= \int_{\mathcal{R}_1} P(\boldsymbol{x}, C_2)\mathrm{d}\boldsymbol{x} + \int_{\mathcal{R}_2} P(\boldsymbol{x}, C_1)\mathrm{d}\boldsymbol{x} \end{aligned} \tag{4.3.6}$$

2. 最小期望损失

按道理来说，最小分类错误已经可以在绝大多数任务中使用了，但是有一些任务，比如医生根据 CT 影像对患者进行癌症的诊断，在这些任务中，错报和漏报可产生不同的后果。如果只是错报，将没有疾病的人诊断为患者，顶多再去进行一次体检排查，但是如果将有癌症的患者漏报成没有疾病的人，那么就可能错失最佳的治疗时机。因此这种情况下，这两种错误方式会造成不同的代价。

为了对这个代价进行数学描述，我们引入了一个损失矩阵 (loss matrix) 用来描述不同错误分类带来的不同代价。

损失矩阵很好地描述了我们刚才的需求，让我们引入了如图 4.2 所示的损失矩阵，用 L 表示，其中 $L_{i,j}$ 表示其第 i 行第 j 列的元素。与最小化分类错误率不同，这里我们定义一个代价函数

$$\mathbb{E}[L] = \sum_k \sum_j \int_{\mathcal{R}_j} L_{k,j} P(\boldsymbol{x}, C_k)\mathrm{d}\boldsymbol{x} \tag{4.3.7}$$

我们的目标是最小化式 (4.3.7)。当然，如果你需要对一个样本 $\boldsymbol{x}$ 作出决策，引入分类风险

$$R(\alpha_k|\boldsymbol{x}) = \sum_j L_{k,j} P(C_k|\boldsymbol{x}) \tag{4.3.8}$$

这里的 $R(\cdot)$ 表示 Risk，表示将样本 $\boldsymbol{x}$ 分类为 k 类的风险，当然是越小越好。

最小化风险步骤：

第一步，计算后验概率

$$P(C_k|\boldsymbol{x}) = \frac{P(\boldsymbol{x}|C_k)P(C_k)}{\sum_{i=1}^{c} P(\boldsymbol{x}|C_i)P(C_i)} \quad (i = 1, 2, \cdots, c) \tag{4.3.9}$$

$$\begin{array}{c c} & \begin{array}{cc} \text{cancer} & \text{normal} \end{array} \\ \begin{array}{c} \text{cancer} \\ \text{normal} \end{array} & \begin{pmatrix} 0 & 1000 \\ 1 & 0 \end{pmatrix} \end{array}$$

图 4.2　损失矩阵

第二步，计算风险

$$R(\mathcal{R}_k|\boldsymbol{x}) = \sum_{j} L_{k,j} P(C_k|\boldsymbol{x}) \tag{4.3.10}$$

第三步，决策

$$\alpha = \arg\min_{i=1,\cdots,c} R(\alpha_i|\boldsymbol{x}) \tag{4.3.11}$$

显然，当损失矩阵是一个单位矩阵的时候，最小分类错误率和最小分类风险等价。

4.3.3　极大似然估计

估计类条件概率的常用策略：先假定具有某种确定的概率分布形式，再基于训练样本对概率分布参数进行估计。

记关于类别 c 的类条件概率为 $P(\mathbf{x} \mid c)$，则：

（1）假设 $P(\mathbf{x} \mid c)$ 具有确定的形式被参数 $\boldsymbol{\theta}_c$ 唯一确定，我们的任务就是利用训练集 D 估计参数 $\boldsymbol{\theta}_c$。

令 D_c 表示训练集中第 c 类样本的组合的集合，假设这些样本是独立的，则参数 $\boldsymbol{\theta}_c$ 对于数据集 D_c 的似然是：

$$P(D_c \mid \boldsymbol{\theta}_c) = \prod_{\mathbf{x} \in D_c} P(\mathbf{x} \mid \boldsymbol{\theta}_c) \tag{4.3.12}$$

（2）对 $\boldsymbol{\theta}_c$ 进行极大似然估计，寻找能最大化似然 $P(D_c \mid \boldsymbol{\theta}_c)$ 的参数值 $\hat{\theta}_c$。直观上看，极大似然估计是试图在 $\boldsymbol{\theta}_c$ 所有可能的取值中，找到一个使数据出现的“可能性”最大值。

使用对数似然：

$$\begin{aligned} LL(\boldsymbol{\theta}_c) &= \log P(D_c \mid \boldsymbol{\theta}_c) \\ &= \sum_{\mathbf{x} \in D_c} \log P(\mathbf{x} \mid \boldsymbol{\theta}_c) \end{aligned} \tag{4.3.13}$$

此时参数 $\boldsymbol{\theta}_c$ 的极大似然估计 $\hat{\theta}_c$为：

$$\hat{\boldsymbol{\theta}}_c = \underset{\boldsymbol{\theta}_c}{\operatorname{argmax}} LL(\boldsymbol{\theta}_c) \tag{4.3.14}$$

例如，在连续属性情形下，假设概率密度函数 $p(\mathbf{x} \mid c) \sim N\left(\boldsymbol{\mu}_c, \boldsymbol{\sigma}_c^2\right)$，则参数 $\boldsymbol{\mu}_c$ 和 $\boldsymbol{\sigma}_c^2$ 的极大似然估计为：

$$\hat{\boldsymbol{\mu}}_c = \frac{1}{|D_c|}\sum_{\mathbf{x}\in D_c}\mathbf{x} \tag{4.3.15}$$

$$\hat{\boldsymbol{\sigma}}_c^2 = \frac{1}{|D_c|}\sum_{\mathbf{x}\in D_c}(\mathbf{x}-\hat{\boldsymbol{\mu}}_c)(\mathbf{x}-\hat{\boldsymbol{\mu}}_c)^{\mathrm{T}} \tag{4.3.16}$$

也就是说，通过极大似然法得到的正态分布均值就是样本均值，方差就是 $(\mathbf{x}-\hat{\boldsymbol{\mu}}_c)(\mathbf{x}-\hat{\boldsymbol{\mu}}_c)^{\mathrm{T}}$ 的均值，这显然是一个符合直觉的结果。

需注意，这种参数化的方法虽能使类条件概率估计变得相对简单，但估计结果的准确性严重依赖于所假设的概率分布形式是否符合潜在的真实数据分布。

4.3.4 朴素贝叶斯算法

朴素贝叶斯分类器是一系列以假设特征之间强（朴素）独立下运用贝叶斯定理为基础的简单概率分类器。该分类器模型会给问题实例分配用特征值表示的类标签，类标签取自有限集合。它不是训练这种分类器的单一算法，而是一系列基于相同原理的算法：所有朴素贝叶斯分类器都假定样本每个特征与其他特征均不相关。

朴素贝叶斯分类是一种十分简单的分类算法。朴素贝叶斯的思想是对于给出的待分类项，求解在此项出现的条件下各个类别出现的概率，哪个最大，就认为此待分类项属于哪个类别。对于某些类型的概率模型，在监督式学习的样本集中能取得非常好的分类效果。在许多实际应用中，朴素贝叶斯模型参数估计使用最大似然估计方法。换言之，在不用到贝叶斯概率或者任何贝叶斯模型的情况下，朴素贝叶斯模型也能奏效。

基于属性条件独立性假设，贝叶斯公式可重写为

$$P(c|\boldsymbol{x}) = \frac{P(c)P(\boldsymbol{x}|c)}{P(x)} = \frac{P(c)}{P(\boldsymbol{x})}\prod_{i=1}^{d}P(x_i|c) \tag{4.3.17}$$

其中 d 为属性数目，x_i 为 $\boldsymbol{x}$ 在第 i 个属性上的取值。

由于对所有类别来说 $P(x)$ 相同，贝叶斯判定准则有

$$y = \arg\max_{c\in\gamma} P(c)\prod_{i=1}^{d}P(x_i|c) \tag{4.3.18}$$

这就是朴素贝叶斯分类器的表达式。

朴素贝叶斯分类器的训练器的训练过程就是基于训练集 D 估计类先验概率 $P(c)$ 并为每个属性估计条件概率 $P(x_i|c)$。

令 D_c 表示训练集 D 中第 c 类样本组合的集合，若有充足的独立同分布样本，则可容易地估计出类先验概率

$$P(c) = \frac{|D_c|}{D} \tag{4.3.19}$$

对离散属性而言，令 D_{c,x_i} 表示 D_c 中在第 i 个属性上取值为 x_i 的样本组成的集合，则条件概率 $P(x_i|c)$ 可估计为

$$P(x_i|c) = \frac{|D_{c,x_i}|}{D} \tag{4.3.20}$$

对连续属性而言可考虑概率密度函数，假定 $p(x_i|c) \sim N(\mu_{c,i}, \sigma_{c,i}^2)$，其中 $\mu_{c,i}$ 和 $\sigma_{c,i}^2$ 分别是第 c 类样本在第 i 个属性上取值的均值和方差，则有

$$P(x_i|c) = \frac{1}{\sqrt{2\pi}\sigma_{c,i}}\exp(-\frac{(x_i - \mu_{c,i})^2}{2\sigma_{c,i}^2}) \tag{4.3.21}$$

朴素贝叶斯的主要优点有：

（1）朴素贝叶斯模型有稳定的分类效率。

（2）对小规模的数据表现很好，能处理多分类任务，适合增量式训练，尤其是数据量超出内存时，可以一批批地去增量训练。

（3）对缺失数据不太敏感，算法也比较简单，常用于文本分类。

朴素贝叶斯的主要缺点有：

（1）理论上，朴素贝叶斯模型与其他分类方法相比具有最小的误差率。但是实际上并非总是如此，这是因为朴素贝叶斯模型在给定输出类别的情况下，假设属性之间相互独立，这个假设在实际应用中往往是不成立的，在属性个数比较多或者属性之间相关性较大时，分类效果不好。而在属性相关性较小时，朴素贝叶斯性能最为良好。对于这一点，有半朴素贝叶斯之类的算法可通过考虑部分关联性适度改进。

（2）需要知道先验概率，且先验概率很多时候取决于假设，假设的模型可以有很多种，因此在某些时候会由于假设的先验模型的原因导致预测效果不佳。

（3）由于我们是通过先验和数据来决定后验的概率从而决定分类，所以分类决策存在一定的错误率。

（4）对输入数据的表达形式很敏感。

4.4　案例求解

案例：诊断癌症贝叶斯网络提供的数据信息：美国有 30% 的人吸烟，每 10 万人中就有 70 人患有肺癌；每 10 万人中就有 10 人患有肺结核；每 10 万人中就有 800 人患有支气管炎；10% 的人存在呼吸困难症状，大部分人是由哮喘、支气管炎和其他非肺结核、非肺癌性疾病引起。

代码实现为：基于 python 的 pgmpy 库构建贝叶斯网络，步骤是先建立网络结构，如图 4.3 所示，然后填入相关参数。

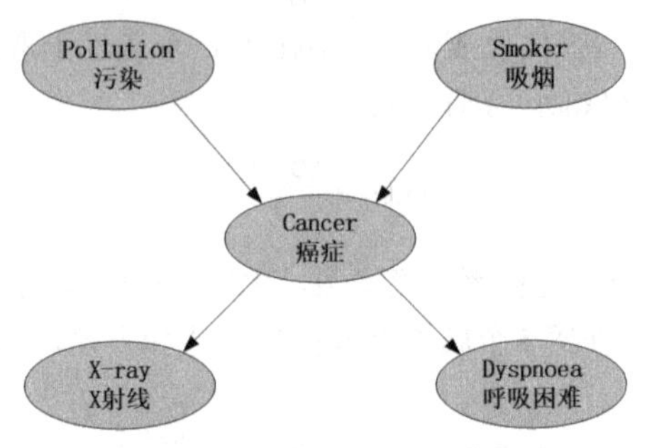

图 4.3 诊断癌症贝叶斯网络

（1）针对已知结构及参数，先采用 BayesianModel 构造贝叶斯网结构。

```
from pgmpy.models import BayesianModel
cancer_model = BayesianModel([('Pollution', 'Cancer'),
                              ('Smoker', 'Cancer'),
                              ('Cancer', 'Xray'),
                              ('Cancer', 'Dyspnoea')])
```

这个贝叶斯网络中有 5 个节点：Pollution，Cancer，Smoker，Xray，Dyspnoea。

(‘Pollution’，‘Cancer’)：一条有向边，从 Pollution 指向 Cancer，表示环境污染有可能导致癌症。

(‘Smoker’，‘Cancer’)：吸烟有可能导致癌症。

(‘Cancer’，‘Xray’)：得癌症的人可能会去照 X 射线。

(‘Cancer’，‘Dyspnoea’)：得癌症的人可能会呼吸困难。

（2）通过 TabularCPD 构造条件概率分布 CPD (condition probability distribution) 表格，将 CPD 数据添加到贝叶斯网络结构中，完成贝叶斯网络的构造。

```
from pgmpy.factors.discrete import TabularCPD
cpd_poll = TabularCPD(variable='Pollution', variable_card=2,
                      values=[[0.9], [0.1]])
cpd_smoke = TabularCPD(variable='Smoker', variable_card=2,
                       values=[[0.3], [0.7]])
cpd_cancer = TabularCPD(variable='Cancer', variable_card=2,
                        values=[[0.03, 0.05, 0.001, 0.02],
                                [0.97, 0.95, 0.999, 0.98]],
```

```
                    evidence=['Smoker', 'Pollution'],
                    evidence_card=[2, 2])
cpd_xray = TabularCPD(variable='Xray', variable_card=2,
                  values=[[0.9, 0.2], [0.1, 0.8]],
                  evidence=['Cancer'], evidence_card=[2])
cpd_dysp = TabularCPD(variable='Dyspnoea', variable_card=2,
                  values=[[0.65, 0.3], [0.35, 0.7]],
                  evidence=['Cancer'], evidence_card=[2])
cancer_model.add_cpds(cpd_poll, cpd_smoke, cpd_cancer, cpd_xray,
   cpd_dysp)
```

这部分代码主要是建立一些概率表，然后往表里面填入了一些参数。

Pollution：有两种概率，分别是 0.9 和 0.1。

Smoker：有两种概率，分别是 0.3 和 0.7 (意思是在一个人群里，有 30% 的人吸烟，有 70% 的人不吸烟)。

Cancer：envidence 表示有 Smoker 和 Pollution 两个节点指向 Cancer 节点。

（3）验证模型数据的正确性。

```
print(cancer_model.check_model())
```

（4）在构建了贝叶斯网之后，我们使用贝叶斯网来进行推理。推理算法分精确推理和近似推理。精确推理有变量消元法和团树传播法；近似推理算法是基于随机抽样的算法。

结果如图 4.4 所示。

```
from pgmpy.inference import VariableElimination
asia_infer = VariableElimination(cancer_model)
q = asia_infer.query(variables=['Cancer'], evidence={'Smoker': 0})
print(q)
```

```
+-----------+---------------+
| Cancer    |   phi(Cancer) |
+===========+===============+
| Cancer(0) |        0.0320 |
+-----------+---------------+
| Cancer(1) |        0.9680 |
+-----------+---------------+
```

图 4.4　结果展示

4.5　本章小结

使用概率有时比使用复杂的规则进行分类更有效。贝叶斯概率和贝叶斯规则为我们提供了一种从已知值估计未知概率的方法。通过假设数据中的特性之间具有条件独立性，可以减少对大量数据的需求。

在用现代编程语言实现朴素贝叶斯时，有许多实际的考虑因素。下溢是一个可以通过在计算中使用概率对数来解决的问题。

在本章中学到的概率论将在后面的书中再次用到，这一章很好地介绍了贝叶斯概率论。贝叶斯分类器在模式识别领域有着极其广泛的应用，特别是在信息检索领域。朴素贝叶斯分类器假定所有属性之间完全独立，虽然在实际应用中假设很难成立，但朴素贝叶斯分类器在应用上又通常具有很好的性能。

4.6　习题

（1）什么是朴素贝叶斯中的零概率问题？如何解决？

（2）描述朴素贝叶斯分类方法的原理和步骤。

（3）阐述贝叶斯算法的优缺点。

（4）试证明当条件独立性假设不成立时，朴素贝叶斯分类器仍可能产生最优贝叶斯分类器。

（5）朴素贝叶斯分类器是否对异常值敏感？

（6）编程实现基于贝叶斯估计的朴素贝叶斯算法。

第 5 章 人工神经网络

人类关于认知的探索由来已久。早在公元前 400 年前后，希腊哲学家柏拉图 (Plato) 和亚里士多德 (Aristotle) 等，就曾对人类认知的性质和起源进行过思考，并发表了有关记忆和思维的论述。在此以后很长的一段时间内，由于科学技术发展水平所限，人们对人脑的认识主要停留在观察和猜测的基础之上，缺乏有关人脑内部及其工作原理的科学依据，因而进展缓慢。直到 20 世纪 40 年代，随着神经解剖学、神经生理学以及神经元的电生理过程等方面的研究取得突破性进展，人们对人脑的结构、组成及最基本工作单元有了越来越充分的认识，在此基本认识的基础上，以数学和物理方法以及信息处理的角度对人脑神经网络进行抽象，并建立简化的模型，称为人工神经网络。

目前，关于人工神经网络的定义尚不统一，按美国神经网络学家赫克特·尼尔森 (Hecht Nielsen) 的观点，人工神经网络的定义是:“人工神经网络是由多个非常简单的处理单元彼此按某种方式相互连接而形成的计算机系统，该系统靠其状态对外部输入信息的动态响应来处理信息。”综合人工神经网络的来源、特点和各种解释，它可简单地表述为：人工神经网络是一种旨在模仿人脑结构及其功能的信息处理系统。

作为一门活跃的边缘性交叉学科，人工神经网络的研究与应用正成为人工智能、认知科学、神经生理学、非线性动力学等相关专业的热点。近十几年来，针对神经网络的学术研究大量涌现，它们当中提出了上百种神经网络模型，其应用涉及模式识别、联想记忆、信号处理、自动控制、组合优化、故障诊断及计算机视觉等众多方面，取得了引人注目的进展。

5.1 引言

多层感知机是一种人工神经网络模型，是非参数估计器，可以用于分类和回归。其灵感来源于人脑。旨在理解人脑的功能并朝着这一目标努力的认知科学家和神经学家构建了人脑的神经网络模型，并开展了模拟研究。

人脑与计算机很不同，一般的计算机只有一个处理器，而人脑却包含大量并行操作的处理单元，这些处理单元被称为神经元。人脑的神经元一般是由细胞体和突起两部分组成。其结构如图 5.1 所示，细胞体由细胞核、细胞膜、细胞质组成，具有联络和整合输入信息并传出信息的作用。突起有树突和轴突两种。树突短而分枝多，直接由细胞体扩张突出，形成树枝状，其作用是接受其他神经元轴突传来的冲动并传给细胞体。轴突长而分枝少，为粗细均匀的细长突起，常起于轴丘，其作用是接受外来刺激，再由细胞体传出。轴突除分出侧枝，其末端还会形成树枝样的神经末梢。这些神经元的并行连接构成了一张大大的处理单元网。我们认为在人脑中，处理和储存都在网络上分布。处理由神经元来做，而记忆在神经元之间的突触中。

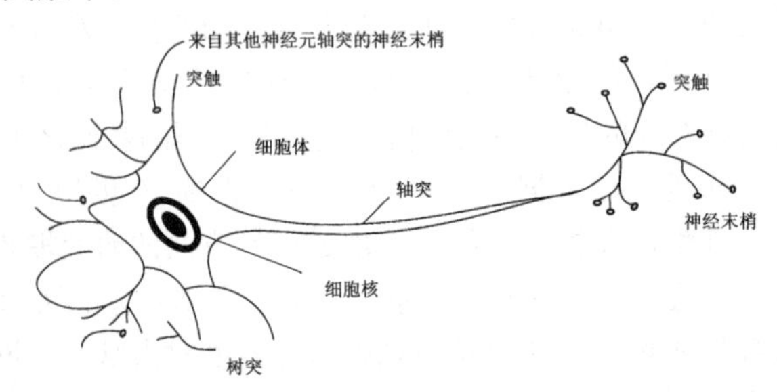

图 5.1 人脑的神经元

然而，在工程上，我们的目标不是为了理解人脑工作的本质，而是通过理解人脑工作原理，构建一种类似人脑的智能机器。如果我们能够理解人脑如何实现这些功能，那么我们就可以用形式化算法定义这些任务的解并在计算机上实现它们。在实际的生活中，利用多层感知机可以解决很多问题，例如图像的分类、分割以及房价预测等。

5.2 案例

鸢尾花数据集最初由埃德加·安德森 (Edgar Anderson) 测量得到，而后由著名的统计学家和生物学家 R.A. 费希尔 (R.A. Fisher) 于 1936 年发表的文章 *The use of multiple measurements in taxonomic problems* 中使用，用其作为线性判别分析的一个例子。该数据集一共收集了 3 类鸢尾花，即山鸢尾花、变色鸢尾花和维吉尼亚鸢尾花，每一类鸢尾花收集了 50 条样本记录，共计 150 条。数据集包括 4 个属性，分别为花萼的长、花萼的宽、花瓣的长和花瓣的宽。4 个属性均不存在缺失值的情况，表 5.1 是各属性的一些统计值。通过构建合理的感知机模型，我们可以根据鸢尾花的 4 种不同属性将鸢尾花的类型预测出来。下面我们将具体介绍有关感知机的相关知识。

表 5.1　鸢尾花数据集

序号	花萼长度	花萼宽度	花瓣长度	花瓣宽度	鸢尾花种类
0	6.4	2.8	5.6	2.1	维吉尼亚鸢尾
1	5.0	2.0	3.5	1.0	变色鸢尾
2	4.9	2.5	4.5	1.7	维吉尼亚鸢尾
3	4.9	3.1	1.5	0.1	山鸢尾
4	5.7	3.8	1.7	0.3	山鸢尾

5.3　多层感知机

5.3.1　感知机

感知机是一种多输入、单输出的基本人工神经单元。科学家从生物化学、电生物学、数学等方面给出描述其功能的模型。其中最经典的是麦卡洛克–匹兹 (MeCulloch-Pitts) 模型，其主要结构如图 5.2 所示。它通过将一些实数向量作为输入，使用线性组合的方式计算这些线性输入的结果。最后通过一个非线性的激活函数进行激活得到最终的输出结果。其数学公式表示如下：

$$y = sign(\sum_{n=1}^{N} w_n \cdot x_n + b_0) \tag{5.3.1}$$

其中 w_n 和 b_0 分别称为感知机模型的权重和偏置。x_n 是感知机的输入。

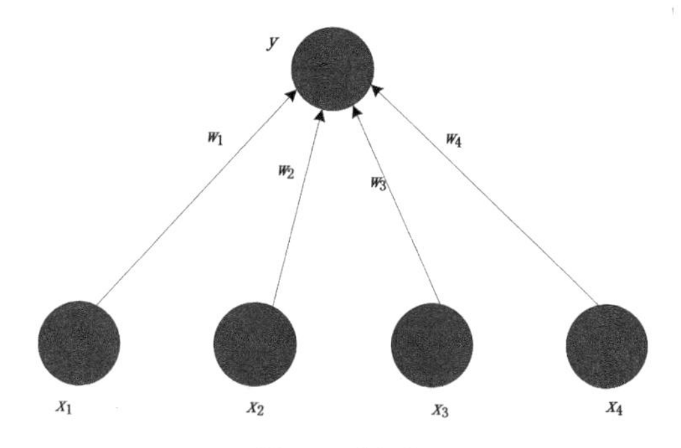

图 5.2　感知机

为了简化表示，我们把上式 (5.3.1) 感知机的输出写成点积的形式，如下：

$$y = sign(W^T X) \tag{5.3.2}$$

其中 $W = [w_0, w_1, \ldots, w_n]$，$X = [1, x_1, x_2, \ldots, x_n]$

式 (5.3.2) 中 $sign(\cdot)$ 为激活函数，它将输入值映射为 0 或者 1。其中 0 和 1 分别用来模拟人脑神经元的兴奋状态和抑制状态。其公式定义如下：

$$y = sign(x) = \begin{cases} 1 & if > 0 \\ 0 & other \end{cases} \tag{5.3.3}$$

由于激活函数式 (5.3.3) 具有不连续、不光滑等不太好的性质。因此，我们通常使用 Sigmod 函数作为激活函数。其公式如下：

$$sigmod = \frac{1}{e^{-x}} \tag{5.3.4}$$

从几何的方面，我们可以把感知机看作是 n 维实例空间中的超平面决策面。对于超平面一侧的实例，感知机输出大于 0，对于另一侧的实例输出则小于等于 0，这个决策超平面的方程为 $W^T \cdot X = 0$。当然，某些正反样例集合不可能被任一超平面分割。那些可以被分割的称为线性可分样例集合。感知机学习的目的是通过已知的数据样例，求得感知机模型 [式 (5.3.1)]。也就是求得模型参数中的 w 和 b 通过求得的感知机模型就可以对一个新的输入实例给出正确的分类结果。

5.3.2 delta 法则

当训练样本线性可分时，感知机可以成功找到一个权向量，但如果样本不是线性可分时它将不会收敛。为此，人们设计了另一个训练法则来克服这个不足，该法则被称为 delta 法则。如果样本不是线性可分的，那么 delta 法则会收敛到目标的最佳近似。

delta 法则其思想是使用梯度下降来搜素可能的权重向量的假设空间，以找到最佳拟合训练样本的权重向量。该法则为反向传播算法提供了基础，而反向传播算法是多层感知机学习的最重要算法。为了推导感知机的权重学习法则，首先指定一个度量标准来衡量权向量相对于训练样本的误差，这里我们选择均方差作为衡量标准。如下式所示：

$$E = \frac{1}{2}\sum_{d \in D}(t_d - o_d)^2 \tag{5.3.5}$$

其中，D 是训练样本集合，t_d 是训练样本 d 的目标输出，o_d 是线性单元对训练样本 d 的输出值。而 E 是所有样本目标输出 t_d 与线性单元输出 o_d 的均方差。在一定的条件下，对于给定的训练数据使得 E 最小时的权重向量便是求得的最优解。

5.3.3 梯度下降法则

我们如何使用数学的方法快速找到最优解？可以通过计算 E 相对向量 $\vec{w}$ 的每个分量的导数来得到最优的下降方向。这个向量导数被称为 E 对于 $\vec{w}$ 的梯度，记作 $\nabla E(\vec{w})$。

$$\nabla E(\vec{w}) = [\frac{\partial E}{\partial w_0}, \frac{\partial E}{\partial w_1}, \dots, \frac{\partial E}{\partial w_n}] \tag{5.3.6}$$

我们把梯度看作是权空间的一个向量时，它确定了使 E 上升最快的方向。这个方向的反方向便是下降最快的方向。那么梯度下降的训练法则是：

$$\vec{w} = \vec{w} + \Delta\vec{w} \tag{5.3.7}$$

其中：

$$\Delta\vec{w} = -\eta\nabla E(\vec{w}) \tag{5.3.8}$$

这里的 η 是一个超参数，我们称为学习率，它决定了梯度下降搜索的步长。式 (5.3.8) 中的负号代表我们想让权向量 E 向梯度相反的方向移动。上式也可以写为它的分量形式：

$$w_i \leftarrow w_i + \Delta w_i \tag{5.3.9}$$

其中：

$$\Delta w_i = -\eta\frac{\partial E}{\partial w_i} \tag{5.3.10}$$

我们可通过对式 (5.3.5) 进行求微分得到梯度向量的分量 $\frac{\partial E}{\partial w_i}$。其中计算过程如下：

$$\begin{aligned}
\frac{\partial E}{\partial w_i} &= \frac{\partial}{\partial w_i}\frac{1}{2}\sum_{d\in D}(t_d - o_d)^2 \\
&= \frac{1}{2}\sum_{d\in D}2(t_d - o_d)\frac{\partial}{\partial w_i}(t_d - o_d) \\
&= \sum_{d\in D}(t_d - o_d)\frac{\partial}{\partial w_i}(t_d - \vec{w}\cdot\vec{x_d}) \\
&= \sum_{d\in D}(t_d - o_d)(-x_{id})
\end{aligned} \tag{5.3.11}$$

其中 x_{id} 表示训练样本 d 的一个输入变量 x_i。将式 (5.3.11) 带入式 (5.3.10) 便可以得到梯度下降权值更新法则。

5.3.4　多层感知机

单层感知机由于表征能力有限，只能解决一些线性的分类问题。对于一些非线性的分类问题却无能为力，例如异或问题。如果我们在输入与输出层之间加入隐藏层，将不存在这种局限性。我们把这种含有隐藏层的感知机网络称为多层感知机 (图 5.3)。另外，我们需要注意隐藏层的层数不仅限于一层，可以含有多层。该结构在分类任务中，可以实现非线性判别，而在回归任务中可以近似非线性函数。多层感知机在训练的过程中主要包括前向传播和反向传播两个过程。其中前向传播指信息从第一层逐渐地向高层进行传递的过程。将特征信息经过输入层、隐藏层和输出层分别进行权重的加权后进行输出。而反向传播主要完成权重更新的问题。而由于存在多层的网络结构，因此无法直接对中间的隐层利用损失来进行参数更新，但可以利用损失从顶层到底层的反向传播来进行参数的估计。

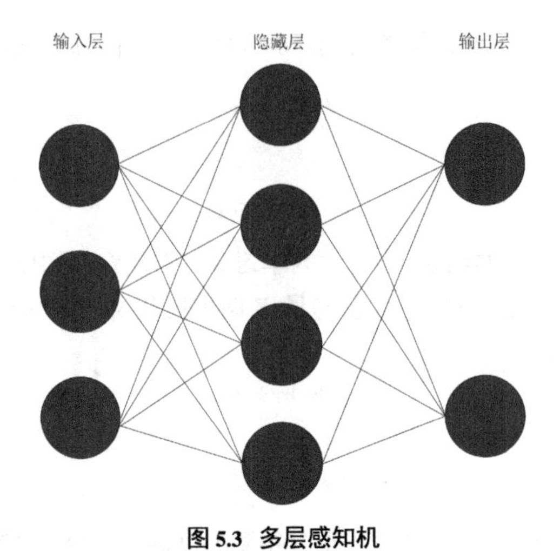

图 5.3 多层感知机

5.3.5 反向传播算法

反向传播网络 (Back Propagation Network) 是目前应用较为广泛和成功的神经网络之一。它是在 1986 年由鲁梅尔哈特 (Rumelhant) 和麦克莱兰德 (Mcllelland) 提出的，是一种多层网络的“逆推”学习算法。其基本思想是，学习过程由信号的正向传播与误差的反向传播两个过程组成。正向传播时，输入样本从输入层传入，经隐层逐层处理后，传向输出层。若输出层的实际输出与期望输出 (教师信号) 不符，则转向误差的反向传播阶段。误差的反向传播是将输出误差以某种形式通过隐层向输入层逐层反传，并将误差分摊给各层的所有单元，从而获得各层单元的误差信号，此误差信号即作为修正各单元权值的依据。这种信号正向传播与误差反向传播的各层权值调整的过程，将周而复始地进行。权值不断调整的过程，也就是网络的学习训练过程。此过程一直进行到网络输出的误差减少到可以接受的程度，或进行到完成预先设定的学习次数为止。

对于由一系列确定的神经元相互连接构成的多层网络，反向传播算法可用来学习这个网络的权重值。该算法不仅可以用于多层前馈神经网络，还可以用于其他类型的神经网络中。这一节我们将以一个 3 层的感知机模型为例，给出反向传播算法的具体推导过程。

图 5.4 所示是 BP 网络的结构图。它由输入层、输出层和隐藏层组成。为了更加清晰地说明整个反向传播算法的推导过程，我们使用了以下的符号来定义网络中的不同变量。

对于输出层，有

$$o_k = f(net_k) \quad (k = 1, 2, \cdots, l) \tag{5.3.12}$$

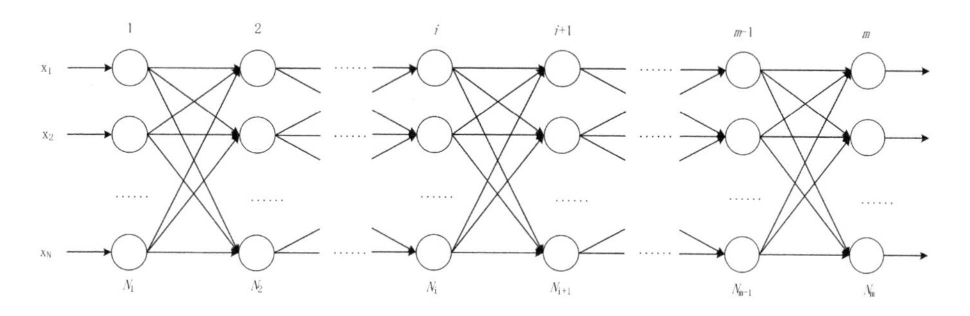

x_i–神经元的输入；O_k–神经网络实际输出；d_k–神经网络期望输出；w_{jk}–隐藏层第 j 个神经元到输出层第 k 个神经元的连接权值；w_{ij}–输入层第 i 个神经元到隐藏层第 j 个神经元的连接权值；$f(.)$– 激活函数；net_j–隐藏层的总输出；net_j–输出层的总输出；η–学习率。

图 5.4　BP 网络结构图

$$net_k = \sum_{j=0}^{m} w_{jk} y_j \quad (k = 1, 2, \cdots, l) \tag{5.3.13}$$

对于隐藏层，有

$$y_j = f(net_j) \quad (j = 1, 2, \cdots, m) \tag{5.3.14}$$

$$net_j = \sum_{i=0}^{n} w_{ij} x_i \quad (j = 1, 2, \cdots, m) \tag{5.3.15}$$

所有网络输出的误差求和：

$$E = \frac{1}{2}(d - O)^2 = \frac{1}{2}\sum_{k=1}^{l}(d_k - O_k)^2 \tag{5.3.16}$$

根据式 (5.3.12) 和式 (5.3.13)，将式 (5.3.16) 展开到隐藏层：

$$\begin{aligned} E &= \frac{1}{2}\sum_{k=1}^{l}(d_k - O_k)^2 = \frac{1}{2}\sum_{k=1}^{l}(d_k - f(net_k))^2 \\ &= \frac{1}{2}\sum_{k=1}^{l}[d_k - f(\sum_{j=0}^{m} w_{jk} y_j)]^2 \end{aligned} \tag{5.3.17}$$

根据式 (5.3.14) 和式 (5.3.15)，将式 (5.3.16) 展开到输入层：

$$\begin{aligned} E &= \frac{1}{2}\sum_{k=1}^{l}(d_k - O_k)^2 = \frac{1}{2}\sum_{k=1}^{l}(d_k - f(net_k))^2 \\ &= \frac{1}{2}\sum_{k=1}^{l}\{d_k - f[\sum_{j=0}^{m} w_{jk} f(net_j)]\}^2 \\ &= \frac{1}{2}\sum_{k=1}^{l}\{d_k - f[\sum_{j=0}^{m} w_{jk} f(\sum_{i=0}^{n}) w_{ij} x_i]\}^2 \end{aligned} \tag{5.3.18}$$

对输入层的权值进行更新：

$$\Delta w_{jk} = -\eta \frac{\partial E}{\partial w_{jk}} = -\eta \frac{\partial E}{\partial net_k} \frac{\partial net_k}{\partial w_{jk}} \quad (j = 1, 2, \cdots, m; k = 1, 2, \cdots, l) \tag{5.3.19}$$

对隐藏层的权值进行更新：

$$\Delta w_{ij} = -\eta \frac{\partial E}{\partial w_{ij}} = -\eta \frac{\partial E}{\partial net_j} \frac{\partial net_j}{\partial w_{ij}} \quad (j = 1, 2, \cdots, m; k = 1, 2, \cdots, l) \tag{5.3.20}$$

式 (5.3.19) 和式 (5.3.20) 最终的计算结果为：

$$\Delta w_{jk} = \eta \cdot (d_k - O_k) \cdot o_k(1 - O_k) \cdot y_k \tag{5.3.21}$$

$$\Delta w_{ij} = \eta \cdot \sum_{k=1}^{l} (d_k - O_k) \cdot O_k(1 - O_k) \cdot y_j(1 - y_j) \cdot x_i \tag{5.3.22}$$

上述我们从理论上完成了整个反向传播算法的整个推导过程，其中式 (5.3.21) 和式 (5.3.22) 分别为多层感知机中隐藏层与输入层的权重更新公式。

标准 BP 算法按照固定的学习率调整权值，这就会产生两个固有的缺陷。一是，误差曲面的平坦区将使误差下降缓慢，调整时间加长，迭代次数增多，影响收敛速度。二是，误差曲面存在的多个极小点会使网络训练陷入局部极小，从而使网络训练无法收敛于给定误差。针对这个问题，国内外的学者给出很多的解决方案。比较常用的有以下 3 种方法。

1. 增加动量项

标准 BP 算法在调整权值时，只按 t 时刻误差的梯度下降方向调整，而没有考虑 t 时刻以前的梯度方向，从而常使训练过程发生振荡，收敛缓慢。为了提高训练速度，可以在权值调整公式中加一动量项：

$$\Delta W(t) = \eta \delta O + \alpha \Delta W(t-1) \tag{5.3.23}$$

其中 W 为某层权矩阵，O 为某层输出向量，α 称为动量系数，动量项 $\alpha \Delta W(t-1)$ 反映了以前积累的调整经验。当误差梯度出现局部极小时，虽然 $\Delta W(t) \to 0$，但 $\Delta W(t-1) \neq 0$，使其跳出局部极小区域，加快迭代收敛速度。目前，大多数 BP 算法中都增加了动量项，以至于有动量项的 BP 算法成为一种新的标准算法。

2. 可变学习率的反向传播算法

正如我们所见的，多层网络的误差曲面不是二次函数。曲面的形状随参数空间区域的不同而不同。可以在学习过程中通过调整学习率来提高收敛速度。技巧是决定何时改变学习率和怎样改变学习率。

可变学习率的反向传播算法有许多不同的方法来改变学习率。下面介绍一种常用的批处理的方法。规定如下：

（1）如果在整个训练集上的误差增加了，且超过了某个设置的百分数 ξ，则权值更新被取消，学习率被乘以一个因子 ρ $(0 < \rho < 1)$，并且动量系数 α 被设置为 0。

（2）如果在整个训练集上的误差减少了，而且学习率将被乘以一个因子 $\eta > 1$。如果 α 被设置为 0，则恢复到以前的值。

（3）如果在整个训练集上的误差增加小于 η，则权值更新被接受，但学习率保持不变。如果 α 被设置为 0，则恢复到以前的值。

3. 学习率的自适应调节

可变学习率的方法需要设置多个参数，算法的性能对这些参数的改变往往十分敏感，另外，处理起来也较麻烦。此处给出一简洁的学习率的自适应调节算法。学习率的调整只与网络总误差有关。

学习率 η 也称步长，在标准 BP 中是一个常数，但在实际计算中，很难给定一个从始至终都很合适的最佳学习率。从误差曲面可以看出，在平坦区内 η 太小会使训练次数增加，这时候希望 η 值大一些；而在误差变化剧烈的区域，η 太大会因调整过量而跨过较窄的“凹坑”处，使训练出现振荡，反而使迭代次数增加。为了加速收敛过程，最好是能自适应调整学习率 η，使其该大则大，该小则小。比如可以根据网络总误差来调整，在网络经过一批次权值调整后：若损失值上升，则本次调整无效。且

$$\eta = \beta \cdot \eta \quad (0 < \beta < 1) \tag{5.3.24}$$

若总损失下降，则有效，且

$$\eta = \alpha \cdot \eta \quad (\alpha > 1) \tag{5.3.25}$$

5.3.6 问题分析

从上述的鸢尾花数据集中可以看出，该数据集中鸢尾花一共有 4 个不同的属性，分别为花萼的长、花萼的宽、花瓣的长和花瓣的宽。我们需要实现对这 3 种不同的鸢尾花进行分类。从而可以分析得到，我们建立的感知机模型至少为两层并且输入神经元的个数为 4，输出神经元的个数为 3，隐藏神经元的个数可以为任意个数。

为了更加形象直观地展示鸢尾花数据集的分布情况，我们使用 Python 中的 matplotlib 做数据的可视化。以瓣长、瓣宽为例，可以得到 3 类鸢尾花在瓣长和瓣宽上的散布图，如图 5.5 所示。

5.4 案例求解

首先，需要导入模型所需要的相关库。在 sklearn 库中可以导入鸢尾花数据集、评价函数、数据集分割函数。

```
from sklearn.metrics import accuracy_score
from sklearn.neural_network import MLPClassifier
from sklearn.model_selection import train_test_split
```

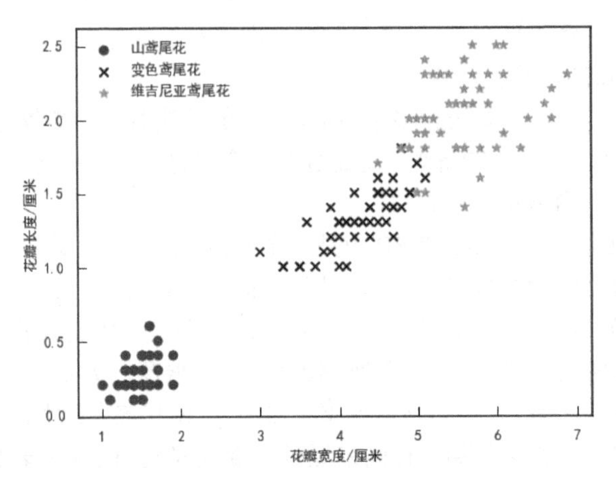

图 5.5 鸢尾花原始数据分布图

```
from sklearn.metrics import classification_report
```

其次，加载相应的鸢尾花数据集，并对其特征和标签进行可视化展示。

```
iris_dataset=dataset.load_iris()
print(iris_dataset.data)
print(iris_dataset.target)
```

特征值：

```
array([[5.1 3.5 1.4 0.2],[4.9 3. 1.4 0.2],[4.7 3.2 1.3 0.2],[4.6
    3.1 1.5 0.2],[5. 3.6 1.4 0.2],[5.4 3.9 1.7 0.4],[4.6 3.4 1.4
    0.3],[5. 3.4 1.5 0.2],[4.4 2.9 1.4 0.2],[4.9 3.1 1.5 0.1],[5.4
    3.7 1.5 0.2]...])
```

标签值：

```
array([0 0 0 0 0 0 0 0 0 0 0 0 0 0 0 0 0 0 0 0 0 0 0 0 0 0 0 0 0 0 0 0 0 0 0 0 0 0 0 0 0 0 0 0 0 0 0 0 0 0 1 1 1 1 1 1 1 1 1 1 1 1 1 1 1 1 1 1 1 1 1 1 1 1 1 1...])
```

再次，构建一个 4 层的感知机模型，输入层神经元的个数为 4，隐藏层神经元的个数为 25、10。输出层神经元的个数为 3，并将鸢尾花数据集按照 5∶1 的比例分为训练集和测试集，采用 fit() 函数完成模型的训练。

```
X_train,X_test,y_train,y_test =
    train_test_split(iris_dataset['data'],iris_dataset['target'],
test_size=0.4,random_state=0)
clf = MLPClassifier(solver='adam',
    alpha=1e-3,hidden_layer_sizes=(25,10),
    max_iter=500,random_state=1)
clf.fit(X_train,y_train)
```

最后，在测试集上对模型进行了评估，准确率可以达到 98.3%。

```
predict_results=clf.predict(X_test)
print(accuracy_score(predict_results, y_test))
conf_mat = confusion_matrix(y_test, predict_results)
print(conf_mat)
print(classification_report(y_test, predict_results))
```

之后，选用了 SVM 和 GaussianNB 分类器、决策树与多层感知机的方法进行了对比，如表 5.2 所示。

```
from sklearn import datasets
from sklearn import model_selection
from sklearn import svm
from sklearn.naive_bayes import GaussianNB
from sklearn.neural_network import MLPClassifier
iris = datasets.load_iris()
X = iris.data
y = iris.target
X_train, X_test, y_train, y_test =
    model_selection.train_test_split(X, y,test_size=0.4,
    random_state=1)
classifier = GaussianNB()
classifier.fit(X_train, y_train)
print(classifier.score(X_train, y_train))
print(classifier.score(X_test, y_test))
clf = MLPClassifier(solver='adam',
```

表 5.2 各个方法在鸢尾花数据集上的实验结果

方法	训练集准确度	测试集准确度	训练集召回率	测试集召回率
高斯贝叶斯	0.956	0.950	0.932	0.927
支持向量机	0.967	0.983	0.949	0.976
多层感知机	0.967	1.00	0.982	0.977
决策树	1.00	0.950	1.00	0.932

```
    alpha=1e-3,hidden_layer_sizes=(25,10),
    max_iter=500,random_state=1)
clf.fit(X_train,y_train)
print(clf.score(X_train, y_train))
print(clf.score(X_test, y_test))
classifier2=svm.SVC(kernel='rbf',gamma=0.1,
decision_function_shape='ovo',C=0.8)
classifier2.fit(X_train,y_train.ravel())
print(classifier2.score(X_train, y_train))
print(classifier2.score(X_test, y_test))
```

5.5 本章小结

多层的感知机网络可以得到更好的表达效果。这可以直观地理解为：在每一个网络层中，函数特点被一步步地抽象出来；下一层网络直接使用上一层抽象的特征进行进一步的线性组合。但是，深层神经网络的缺点在于：

（1）在面对大数据时需要人为提取原始数据的特征作为输入，很难确定网络的深度。

（2）想要得到更精确的近似复杂的函数，必须增加隐藏层的层数，这就产生了梯度扩散问题。

（3）无法处理时间序列数据，因为不含时间参数。

5.6 习题

（1）Minsky 和 Paper 指出：感知机因为是线性模型，所以不能表示复杂的函数，如异或问题。证明感知机为什么不能解决异或问题？

（2）试比较 BP 网络与 RBF 网络，说明各自的特点及其优缺点。

（3）以 3 层网络为例，试推导基本 BP 算法。

（4）如何解决梯度爆炸问题？

（5）试构造一个能解决异或问题的多层感知机模型，并用代码实现。

（6）使用多层感知机完成波士顿房价预测，并用代码实现。

第 6 章　支持向量机

支持向量机 (support vector machines, svm) 是由感知机发展而来的机器学习算法，属于监督学习算法，是一种二分类模型。支持向量机是分类中常用的算法之一，该算法将实例的特征向量映射为空间中的点，支持向量机的目的就是想要找到一个超平面，以“最好地”区分这两类点，以至于如果以后有了新的点，这条线也能做出很好的分类。支持向量机适合中小型数据样本、非线性和高维的分类问题。深度学习出现之前，支持向量机被认为是机器学习中近十几年来最成功、表现最好的算法。

本章将介绍支持向量机的基本理论，以及支持向量机优化求解的方法，同时使用 Scikit-Learn 库实现该算法，并使用它解决新闻组分类问题。

6.1　引言

20 世纪 80 年代后期，随着神经网络研究的重新崛起及成功应用，基于统计的学习方法迅速发展。在众多基于统计的学习方法中，支持向量机是个新秀，但因其深厚的理论背景和出色的实际表现备受人们青睐。支持向量机是 20 世纪 90 年代中期出现的机器学习技术，是近年来机器学习领域的研究热点。

支持向量机是由科尔特斯和万普尼克于 1995 年提出的，它在解决小样本、非线性及高维模式识别中表现出许多特有的优势，在一定程度上克服了维数灾难和过拟合等困难，再加上其具有坚实的数学理论基础和原理简单等特点，使其能广泛应用于分类、回归和模式识别等机器学习问题中。

支持向量机是建立在统计学习方法的 VC(Vapnik-Chervonenkis) 维理论和结构风险最小原理的基础上，根据有限的样本信息在模型的复杂性和学习能力之间寻求最佳折中，以渐进求解到最优结果。支持向量机具有较强的理论基础，它能保证找到的极值解是全局最优解而非局部最小值，这也就决定了支持向量机方法对未知样本有较好的泛化能力。

支持向量机的原理是寻找一个能够保证在一定程度上分类正确的最优分类超平面，策略是使超平面两侧的间隔最大化。对于线性不可分问题，支持向量机使用软间隔最大化的方法，允许个别向量分类错误。对于非线性问题，支持向量机的处理方法是使用核函数，通过核函数将低维空间的数据映射到高维特征空间，最终在高维空间使用线性方法构造出最优分类超平面，使得在原始空间非线性数据在高维空间线性可分。

本章将会对支持向量机的理论部分加以介绍，然后将支持向量机应用到新闻组分类问题中。

6.2　支持向量机

6.2.1　线性可分支持向量机与硬间隔最大化

假设给定一个特征空间上的训练数据集 $\boldsymbol{D}=\{(x_1,y_1),(x_2,y_2),\cdots,(x_n,y_n)\}, y_i\in\{-1,+1\}$。分类学习的目标是在特征空间中找到一个超平面，将不同类别的样本分到相应类。但是，可能存在无穷个分类超平面可将两种类别的数据正确分开，如图 6.1 所示。于是，线性可分支持向量机利用间隔最大化求解分类最优超平面。

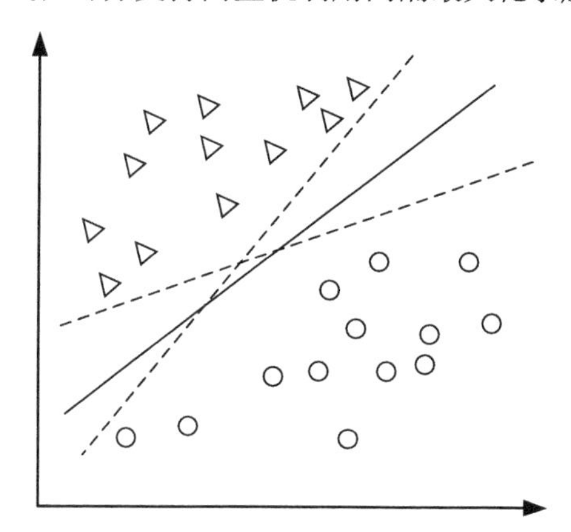

图 6.1　存在多个超平面将样本分开

在样本空间中，分类超平面通过如下方程表示：

$$\boldsymbol{w}^{\mathrm{T}}\boldsymbol{x}+b=0 \tag{6.2.1}$$

其中，法向量 $\boldsymbol{w}$ 决定了超平面方向，截距 b 决定了超平面与原点之间的距离。分类超平面可用 $(\boldsymbol{w},b)$ 表示。相应的分类决策函数为

$$f(x)=\mathrm{sign}(\boldsymbol{w}^{\mathrm{T}}\boldsymbol{x}+b) \tag{6.2.2}$$

在超平面 $\boldsymbol{w}^{\mathrm{T}}\boldsymbol{x}+b=0$ 确定的情况下，$|\boldsymbol{w}^{\mathrm{T}}\boldsymbol{x}+b|$ 能够相对地表示点 $\boldsymbol{x}$ 距离超平面的远近，即分类预测的确信度。而 $\boldsymbol{w}^{\mathrm{T}}\boldsymbol{x}+b$ 的符号与类别 y 的符号是否一致

表示分类正确与否，所以可用 $y(\boldsymbol{w}^{\mathrm{T}}\boldsymbol{x}+b)$ 来表示分类的正确及确信度，则超平面 $(\boldsymbol{w},b)$ 关于样本点 (x_i,y_i) 的函数间隔为

$$\hat{\gamma}_i = y_i(\boldsymbol{w}^{\mathrm{T}}x_i + b) \tag{6.2.3}$$

超平面 $(\boldsymbol{w},b)$ 关于训练数据集 $\boldsymbol{D}$ 的函数间隔为

$$\hat{\gamma} = \min_{i=1,2,\cdots,n} \hat{\gamma}_i \tag{6.2.4}$$

函数间隔可以表示分类预测的正确性与确信度。但是，如果成比例的改变 $\boldsymbol{w}$ 和 b，超平面并不会改变，而函数间隔则会相应地改变。所以，需要对法向量 $\boldsymbol{w}$ 加一些约束，使得间隔确定。此时，函数间隔成为几何间隔。超平面 $(\boldsymbol{w},b)$ 关于样本点 (x_i,y_i) 的几何间隔为

$$\gamma_i = y_i\left(\frac{\boldsymbol{w}^{\mathrm{T}}x_i + b}{\|\boldsymbol{w}\|}\right) \tag{6.2.5}$$

超平面 $(\boldsymbol{w},b)$ 关于训练数据集 $\boldsymbol{D}$ 的几何间隔为

$$\gamma = \min_{i=1,2,\cdots,n} \gamma_i \tag{6.2.6}$$

超平面 $(\boldsymbol{w},b)$ 关于样本点 (x_i,y_i) 的几何间隔一般就是该样本点到超平面的带符号距离。支持向量机的基本思想是求解能够正确分类训练数据集且几何间隔最大的分类超平面。此时的间隔最大化又称为硬间隔最大化。所以，间隔最大化就是最大化超平面 $(\boldsymbol{w},b)$ 关于训练样本 $\boldsymbol{D}$ 的几何间隔 γ，同时每个训练样本点的几何间隔至少为 γ。最大间隔分类超平面可以表示为下面的约束优化问题：

$$\begin{aligned}&\max_{w,b} \quad \gamma \\ &\text{s.t.} \quad y_i\left(\frac{\boldsymbol{w}^{\mathrm{T}}x_i + b}{\|\boldsymbol{w}\|}\right) \geqslant \gamma \quad (i=1,2,\cdots,n)\end{aligned} \tag{6.2.7}$$

由式 (6.2.3) 和式 (6.2.5) 可知 $\gamma = \dfrac{\hat{\gamma}}{\|\boldsymbol{w}\|}$，则上式可改写为

$$\begin{aligned}&\max_{w,b} \quad \frac{\hat{\gamma}}{\|\boldsymbol{w}\|} \\ &\text{s.t.} \quad y_i\left(\boldsymbol{w}^{\mathrm{T}}x_i + b\right) \geqslant \hat{\gamma} \quad (i=1,2,\cdots,n)\end{aligned} \tag{6.2.8}$$

函数间隔 $\hat{\gamma}$ 的取值并不影响最优化问题的解，可以取 $\hat{\gamma}=1$，而最大化 $\dfrac{1}{\|\boldsymbol{w}\|}$ 和 $\frac{1}{2}\|\boldsymbol{w}\|^2$ 是等价的，于是就得到线性可分支持向量机的最优化问题：

$$\begin{aligned}&\min_{w,b} \quad \frac{1}{2}\|\boldsymbol{w}\|^2 \\ &\text{s.t.} \quad y_i\left(\boldsymbol{w}^{\mathrm{T}}x_i + b\right) \geqslant 1 \quad (i=1,2,\cdots,n)\end{aligned} \tag{6.2.9}$$

这就是支持向量机的基本型，同时也是一个凸二次规划问题。在线性可分的情况下，距离超平面最近的几个训练样本点称为支持向量 (support vector)，如图 6.2 所示。支持向量使式 (6.2.9) 的约束条件等号成立：

$$y_i(\boldsymbol{w}^{\mathrm{T}}x_i + b) = 1 \tag{6.2.10}$$

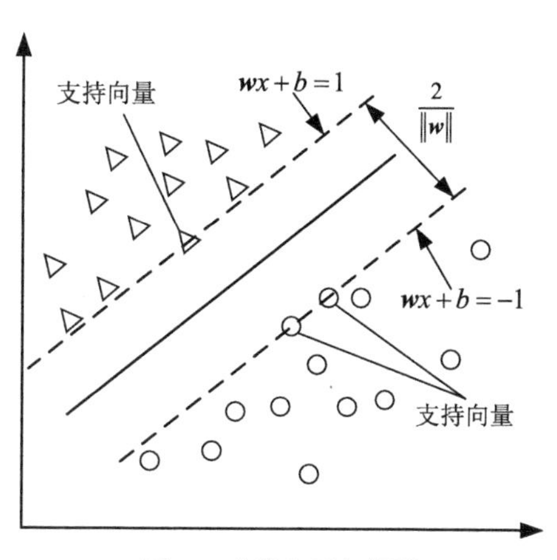

图 6.2　支持向量与间隔

6.2.2　对偶问题

对于式 (6.2.9)，首先构建其拉格朗日函数：

$$L(\boldsymbol{w}, b, \alpha) = \frac{1}{2}\|\boldsymbol{w}\|^2 + \sum_{i=1}^{n}\alpha_i[1 - y_i(\boldsymbol{w}^{\mathrm{T}}x_i + b)] \tag{6.2.11}$$

其中，$\alpha = (\alpha_1, \alpha_2, \cdots, \alpha_n)$ 为拉格朗日乘子。则式 (6.2.9) 的最优化带约束问题可以转化为无约束问题：

$$\begin{aligned} &\min_{\boldsymbol{w},b}\max_{\alpha} \quad L(\boldsymbol{w}, b, \alpha) \\ &\text{s.t.} \quad \alpha_i \geqslant 0 \quad (i = 1, 2, \cdots, n) \end{aligned} \tag{6.2.12}$$

根据拉格朗日对偶性，可以得到原问题的对偶问题：

$$\begin{aligned} &\max_{\alpha}\min_{\boldsymbol{w},b} \quad L(\boldsymbol{w}, b, \alpha) \\ &\text{s.t.} \quad \alpha_i \geqslant 0 \quad (i = 1, 2, \cdots, n) \end{aligned} \tag{6.2.13}$$

所以，为了得到对偶问题的解，需要先求 $L(\boldsymbol{w}, b, \alpha)$ 关于 $\boldsymbol{w}, b$ 的极小值，再求关于 α 的极大值。

对拉格朗日函数 $L(\boldsymbol{w}, b, \alpha)$ 分别关于 $\boldsymbol{w}, b$ 求偏导并令其为 0，求得：

$$\boldsymbol{w} = \sum_{i=1}^{n}\alpha_i y_i x_i \tag{6.2.14}$$

$$\sum_{i=1}^{n} \alpha_i y_i = 0 \tag{6.2.15}$$

将式 (6.2.14) 代入式 (6.2.11)，并考虑式 (6.2.15) 的约束，得到原始问题式 (6.2.9) 的对偶问题

$$\begin{aligned} \max_{\alpha} \quad & \sum_{i=1}^{n} \alpha_i - \frac{1}{2} \sum_{i=1}^{n} \sum_{j=1}^{n} \alpha_i \alpha_j y_i y_j \boldsymbol{x}_i^{\mathrm{T}} x_j \\ \text{s.t.} \quad & \sum_{i=1}^{n} \alpha_i y_i = 0, \quad \alpha_i \geqslant 0 \quad (i = 1, 2, \cdots, n) \end{aligned} \tag{6.2.16}$$

对于原始问题式 (6.2.9) 和对偶问题式 (6.2.16)，原始问题是一个凸二次规划问题，所以存在 $\boldsymbol{w}^*, \alpha^*$，使 $\boldsymbol{w}^*$ 是原始问题的解，α^* 是对偶问题的解。也就是说，求解原始问题可以转化为求解对偶问题，所以 KKT 条件成立，即

$$\begin{cases} 1 - y_i(\boldsymbol{w}^{\mathrm{T}} x_i + b) \leqslant 0, \\ \alpha_i[1 - y_i(\boldsymbol{w}^{\mathrm{T}} x_i + b)] = 0, \\ \alpha_i \geqslant 0. \end{cases} \tag{6.2.17}$$

由式 (6.2.14) 得

$$\boldsymbol{w}^* = \sum_{i=1}^{n} \alpha_i^* y_i x_i \tag{6.2.18}$$

其中，至少存在一个 $\alpha_j^* > 0$，对应的样本 (x_j, y_j) 有

$$1 - y_j(\boldsymbol{w}^{*\mathrm{T}} x_j + b^*) = 0 \tag{6.2.19}$$

将式 (6.2.18) 代入式 (6.2.19)，即得

$$b^* = y_j - \sum_{i=1}^{n} \alpha_i^* y_i (\boldsymbol{x}_i^{\mathrm{T}} x_j) \tag{6.2.20}$$

由式 (6.2.18) 和式 (6.2.20)，可以得到分类超平面

$$\sum_{i=1}^{n} \alpha_i^* y_i \boldsymbol{x}_i^{\mathrm{T}} \boldsymbol{x} + b^* = 0 \tag{6.2.21}$$

分类决策函数可以写为

$$f(x) = \mathrm{sign}\left[\sum_{i=1}^{n} \alpha_i^* y_i \boldsymbol{x}_i^{\mathrm{T}} \boldsymbol{x} + b^*\right] \tag{6.2.22}$$

6.2.3 软间隔最大化

在前面小节中，我们假设训练样本是线性可分的，即存在一个线性超平面将训练样本正确分类，然而在现实生活中，训练样本可能是线性不可分的。此时，就需要将硬间隔最大化修改为软间隔最大化，如图 6.3 所示，允许部分样本点错误分类。

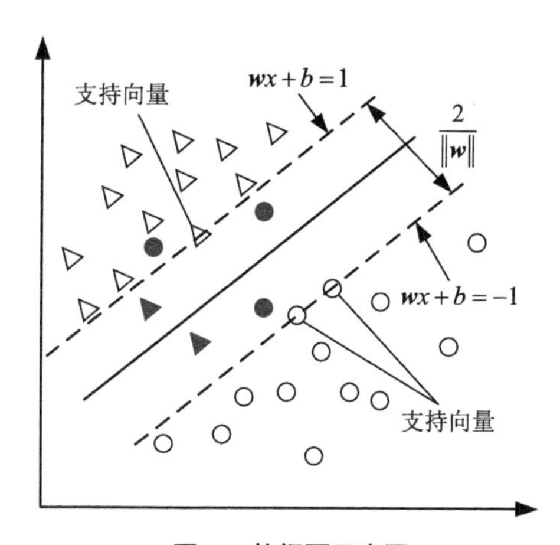

图 6.3　软间隔示意图

注：图中深色为不满足约束条件的样本。

线性不可分说明某些样本 (x_i, y_i) 不满足最大间隔约束条件 $y_i(\boldsymbol{w}^{\mathrm{T}}x_i + b) \geqslant 1$。于是，对每个样本点引入一个松弛变量 $\xi_i \geqslant 0$，使得约束条件变为

$$y_i\left(\boldsymbol{w}^{\mathrm{T}}x_i + b\right) \geqslant 1 - \xi_i \tag{6.2.23}$$

同时，目标函数变为

$$\frac{1}{2}\|\boldsymbol{w}\|^2 + C\sum_{i+1}^{n}\xi_i \tag{6.2.24}$$

其中，$C > 0$ 称为惩罚参数，由具体问题决定。C 值越大，表示对错误分类的样本惩罚越大。

线性不可分支持向量机的学习问题就变成如下的凸二次规划问题

$$\begin{aligned}
&\min_{\boldsymbol{w},b,\xi} \quad \frac{1}{2}\|\boldsymbol{w}\|^2 + C\sum_{i=1}^{n}\xi_i \\
&\text{s.t.} \quad y_i\left(\boldsymbol{w}^{\mathrm{T}}x_i + b\right) \geqslant 1 - \xi_i, \quad \xi_i \geqslant 0 \quad (i = 1, 2, \cdots, n)
\end{aligned} \tag{6.2.25}$$

这就是常用的软间隔支持向量机。

对于松弛变量 ξ_i，可以采用合页损失函数 (hinge loss function)

$$\ell_{\text{hinge}}(z) = \max(0, z) \tag{6.2.26}$$

则优化目标函数式 (6.2.25) 变为

$$\min_{\boldsymbol{w},b,\xi} \quad \frac{1}{2}\|\boldsymbol{w}\|^2 + C\sum_{i=1}^{n}\max[0, 1 - y_i(\boldsymbol{w}^{\mathrm{T}}x_i + b)] \tag{6.2.27}$$

当 $1 - y_i(\boldsymbol{w}^{\mathrm{T}}x_i + b) > 0$ 时，有 $y_i(\boldsymbol{w}^{\mathrm{T}}x_i + b) = 1 - \xi_i$；当 $1 - y_i(\boldsymbol{w}^{\mathrm{T}}x_i + b) \leqslant 0$ 时，$\xi_i = 0$，有 $y_i(\boldsymbol{w}^{\mathrm{T}}x_i + b) \geqslant 1 - \xi_i$。$\boldsymbol{w}, b, \xi_i$ 满足式 (6.2.25) 的约束条件。

此外，还可以使用 0/1 损失 $\ell_{0/1}(z)$、指数损失 $\ell_{\exp}(z)$、对数损失 $\ell_{\log}(z)$

$$\ell_{0/1}(z)=\begin{cases}1, & 若\ z<0,\\ 0, & 否则.\end{cases} \tag{6.2.28}$$

$$\ell_{\exp}(z)=\exp(-z) \tag{6.2.29}$$

$$\ell_{\log}(z)=\log[1+\exp(-z)] \tag{6.2.30}$$

对于式 (6.2.25) 的优化问题，类似于式 (6.2.11)，首先构建式 (6.2.25) 的拉格朗日函数

$$\begin{aligned}L(\boldsymbol{w},b,\alpha,\xi,\mu)=&\frac{1}{2}\|\boldsymbol{w}\|^2+C\sum_{i=1}^{m}\xi_i\\&+\sum_{i=1}^{n}\alpha_i[1-\xi_i-y_i(\boldsymbol{w}^{\mathrm{T}}x_i+b)]-\sum_{i=1}^{n}\mu_i\xi_i\end{aligned} \tag{6.2.31}$$

其中，$\alpha_i\geqslant 0,\mu_i\geqslant 0$ 是拉格朗日乘子。

对拉格朗日函数 $L(\boldsymbol{w},b,\alpha,\xi,\mu)$ 分别关于 $\boldsymbol{w},b,\xi_i$ 求偏导并令导数为 0，求得

$$\boldsymbol{w}=\sum_{i=1}^{n}\alpha_i y_i x_i \tag{6.2.32}$$

$$0=\sum_{i=1}^{n}\alpha_i y_i \tag{6.2.33}$$

$$C=\alpha_i+\mu_i \tag{6.2.34}$$

将式 (6.2.32) 代入式 (6.2.31)，并考虑式 (6.2.33) 和式 (6.2.34) 的约束，得到原问题式 (6.2.25) 的对偶问题

$$\begin{aligned}\max_{\alpha}\quad&\sum_{i=1}^{n}\alpha_i-\frac{1}{2}\sum_{i=1}^{n}\sum_{j=1}^{n}\alpha_i\alpha_j y_i y_j \boldsymbol{x}_i^{\mathrm{T}}x_j\\ \text{s.t.}\quad&\sum_{i=1}^{n}\alpha_i y_i=0,\quad 0\leqslant\alpha_i\leqslant C\quad(i=1,2,\cdots,n)\end{aligned} \tag{6.2.35}$$

然后，通过求解对偶问题得到原始问题的解，从而确定分类超平面和决策函数。原问题是凸二次规划问题，解满足 KKT 条件

$$\begin{cases}y_i(\boldsymbol{w}^{\mathrm{T}}x_i+b)-1+\xi_i\geqslant 0,\\ \alpha_i[y_i(\boldsymbol{w}^{\mathrm{T}}x_i+b)-1+\xi_i]=0,\\ \mu_i\xi_i=0,\quad \alpha_i\geqslant 0,\\ \xi_i\geqslant 0,\quad \mu_i\geqslant 0.\end{cases} \tag{6.2.36}$$

原问题是凸二次规划问题，所以关于 $(\boldsymbol{w},b,\xi)$ 的解是存在的，假设 α^* 是对偶问题的一个解。由式 (6.2.32) 得

$$\boldsymbol{w}^*=\sum_{i=1}^{n}\alpha_i^* y_i x_i \tag{6.2.37}$$

至少存在 $\alpha_j^*, 0 < \alpha_j^* < C$，对应的样本 (x_j, y_j) 有 $1 - y_i(\boldsymbol{w}^{*\mathrm{T}} x_j + b^*) = 0$，从而得到

$$b^* = y_j - \sum_{i=1}^{n} \alpha_i^* y_i (\boldsymbol{x}_i^{\mathrm{T}} x_j) \tag{6.2.38}$$

最终，得到分类超平面和分类决策函数

$$\sum_{i=1}^{n} \alpha_i^* y_i \boldsymbol{x}_i^{\mathrm{T}} \boldsymbol{x} + b^* = 0 \tag{6.2.39}$$

$$f(x) = \operatorname{sign}\left[\sum_{i=1}^{n} \alpha_i^* y_i \boldsymbol{x}_i^{\mathrm{T}} \boldsymbol{x} + b^*\right] \tag{6.2.40}$$

6.2.4　核函数

在本章前面部分中，我们假设训练样本在样本空间是线性可分的。然而现实中，在原样本空间可能不存在一个将样本正确分类的超平面。

此时，就需要将原样本空间映射到更高维的特征空间，使样本在该特征空间内线性可分。如果原样本空间是有限维，即样本的属性是有限的，则一定存在一个高维特征空间使得样本线性可分。

使用 ϕ 来表示从低维样本空间到高维特征空间的映射，则 $\phi(\boldsymbol{x})$ 表示 $\boldsymbol{x}$ 在高维空间映射后的特征向量。类似式 (6.2.16)，特征空间中的线性支持向量机的对偶问题的目标函数变为

$$\begin{aligned} \max_{\alpha} \quad & \sum_{i=1}^{n} \alpha_i - \frac{1}{2} \sum_{i=1}^{n} \sum_{j=1}^{n} \alpha_i \alpha_j y_i y_j \phi(\boldsymbol{x}_i)^{\mathrm{T}} \phi(x_j) \\ \text{s.t.} \quad & \sum_{i=1}^{n} \alpha_i y_i = 0, \quad \alpha_i \geqslant 0 \quad (i = 1, 2, \cdots, n) \end{aligned} \tag{6.2.41}$$

对于式 (6.2.41) 中的 $\phi(\boldsymbol{x}_i)^{\mathrm{T}} \phi(x_j)$，假如通过计算 $\phi(x)$ 直接计算 $\phi(\boldsymbol{x}_i)^{\mathrm{T}} \phi(x_j)$，由于特征空间维数较高，甚至可能无限维，通常难以计算。于是使用核函数 $K(x_i, x_j)$ 来避免计算 $\phi(\boldsymbol{x})$

$$K(x_i, x_j) = \phi(\boldsymbol{x}_i)^{\mathrm{T}} \phi(x_j) = \langle \phi(\boldsymbol{x}_i), \phi(x_j) \rangle \tag{6.2.42}$$

则 x_i, x_j 在特征空间的内积 $\phi(\boldsymbol{x}_i)^{\mathrm{T}} \phi(x_j)$ 就可以转换为其在原始样本空间中使用 $K(x_i, x_j)$ 计算的结果。于是特征空间中的对偶问题式 (6.2.41) 可以变换为

$$\begin{aligned} \max_{\alpha} \quad & \sum_{i=1}^{n} \alpha_i - \frac{1}{2} \sum_{i=1}^{n} \sum_{j=1}^{n} \alpha_i \alpha_j y_i y_j K(x_i . x_j) \\ \text{s.t.} \quad & \sum_{i=1}^{n} \alpha_i y_i = 0, \quad \alpha_i \geqslant 0 \quad (i = 1, 2, \cdots, n) \end{aligned} \tag{6.2.43}$$

同时，分类超平面和分类决策函数变换为

$$\sum_{i=1}^{n} \alpha_i^* y_i K(x_i, x_j) + b^* = 0 \tag{6.2.44}$$

$$f(x)=\operatorname{sign}\left[\sum_{i=1}^{n}\alpha_i^* y_i K(x_i,x_j)+b^*\right] \tag{6.2.45}$$

在核函数 $K(x_i, x_j)$ 给定的条件下，可以利用解线性分类问题的方法来求解非线性分类问题。学习是隐式地在特征空间进行的，不需要显式地定义特征空间和映射函数。巧妙地利用线性分类学习方法与核函数解决非线性问题。而核函数的选择决定了样本是否映射到合适的特征空间。下面是常用的几种核函数。

（1）多项式核函数 (polynomial kernel function)

$$K(x_i,x_j)=(\boldsymbol{x}_i^{\mathrm{T}}x_j)^p \tag{6.2.46}$$

对应的支持向量机是一个 p 次多项式分类器。分类器决策函数为

$$f(x)=\operatorname{sign}\left[\sum_{i=1}^{n}\alpha_i^* y_i(\boldsymbol{x}_i^{\mathrm{T}}x_j)^p+b^*\right] \tag{6.2.47}$$

（2）高斯核函数 (Gaussian kernel function)

$$K(x_i,x_j)=\exp\left(-\frac{\left\|x_i-x_j\right\|^2}{2\sigma^2}\right) \tag{6.2.48}$$

对应的支持向量机是高斯径向基函数分类器，分类决策函数为

$$f(x)=\operatorname{sign}\left[\sum_{i=1}^{n}\alpha_i^* y_i\exp\left(-\frac{\left\|x_i-x_j\right\|^2}{2\sigma^2}\right)+b^*\right] \tag{6.2.49}$$

（3）拉普拉斯核函数 (Laplace kernel function)

$$K(x_i,x_j)=\exp\left(-\frac{\left\|x_i-x_j\right\|}{\sigma}\right) \tag{6.2.50}$$

分类决策函数为

$$f(x)=\operatorname{sign}\left[\sum_{i=1}^{n}\alpha_i^* y_i\exp\left(-\frac{\left\|x_i-x_j\right\|}{\sigma}\right)+b^*\right] \tag{6.2.51}$$

6.3 案例求解

6.3.1 分析问题

本章支持向量机实验使用的是 Scikit-Learn 库中的 20 组新闻稿数据集。该数据集由 18000 多篇新闻稿组成，是用于文本分类、文本挖掘和信息检索研究的国际标准数据集之一，分为 20 种不同话题的新闻稿集合。

在 Scikit-Learn 库中，支持向量机算法都在 sklearn.svm 包下，当前版本总共有 8 类。虽然看起来似乎有不少种类型，但支持向量机算法总的来说就一种，只是在核函数的选择上有所不同。sklearn.svm 包中提供的类有 LinerSVC 类、LinearSVR 类、SVC 类等。我们的实验选择使用 SVC 类，因为 SVC 类可以自己选择支持向量机算法的核函数。

6.3.2　建立模型

首先，对两个主题进行分类 (alt.atheism 和 soc.religion.christian)。我们先导入支持向量机算法模型，以及使用到的新闻稿数据集。同时，将数据集划分为训练集和测试集，并打印出训练集和测试集的样本数量。

```
from sklearn.datasets import fetch_20newsgroups
from sklearn.svm import SVC
categories = ['alt.atheism', 'soc.religion.christian']
train = fetch_20newsgroups(subset='train', categories=categories)
test = fetch_20newsgroups(subset='test', categories=categories)
print(len(train.target),len(test.target))
```

第一次执行上述程序，Python 会自动从网上下载 20newsgroups 数据集。根据第一行 categories 设定的主题，以及参数 subset，fetch_20newsgroups() 会自动分配训练集和测试集，然后通过 data 和 target 属性就能够获得相应的数据和标签。20newsgroups 数据集的主题共有 20 个。根据 len(train.target) 和 len(train.target) 可知训练集和测试集的样本数量为 1079 和 717。

其次，使用 TfidfVectorizer 将原始文本转化为特征矩阵。

```
from sklearn.feature_extraction.text import TfidfVectorizer
tfidf_vec=TfidfVectorizer(stop_words='english')
train_data_vec = tfidf_vec.fit_transform(train.data)
test_data_vec = tfidf_vec.transform(test.data)
```

初始化 SVC 模型。使用线性核函数，将参数 kernel 设置为 linear，惩罚因子 C 为默认值 1.0。之后将模型拟合到训练集上。

```
svm = SVC(kernel='linear')
svm.fit(train_data_vec,train.target)
```

最后，利用训练的模型对测试集进行预测。

```
pred = svm.predict(test_data_vec)
acc = svm.score(test_data_vec,test.target)
print(acc)
```

根据上述程序可以看出，主题为 alt.atheism 和 soc.religion.christian 的二分类的准确率为 96.8%。

6.3.3 模型优化

下面，我们将测试多个新闻稿类别和不同核函数下，支持向量机算法的分类准确率。

首先，加载全部 20 组新闻稿数据集，并将其转化为特征矩阵。

```
train = fetch_20newsgroups(subset='train', categories=None)
test = fetch_20newsgroups(subset='test', categories=None)
train_data_vec = tfidf_vec.fit_transform(train.data)
test_data_vec = tfidf_vec.transform(test.data)
```

对于核函数，使用线性核函数，并采用默认的惩罚因子 1 进行训练及测试。

```
svm = SVC(kernel='linear')
svm.fit(train_data_vec,train.target)
pred = svm.predict(test_data_vec)
acc = svm.score(test_data_vec,test.target)
print(acc)
```

此时，得到的多分类的准确率为 83.4%。

其次，使用惩罚因子为 10 进行训练及测试。

```
svm = SVC(kernel='linear', C=10)
svm.fit(train_data_vec,train.target)
pred = svm.predict(test_data_vec)
acc = svm.score(test_data_vec,test.target)
print(acc)
```

得到的多分类的准确率为 83.4%。

再次，分别采用多项式核函数和高斯核函数进行训练及测试，并且将惩罚因子设置为默认。

```
svm1 = SVC(kernel='poly')
svm.fit(train_data_vec,train.target)
pred1 = svm.predict(test_data_vec)
```

```
acc = svm.score(test_data_vec,test.target)
print(acc)
svm2 = SVC(kernel='rbf')
svm2.fit(train_data_vec,train.target)
pred2 = svm2.predict(test_data_vec)
acc = svm2.score(test_data_vec,test.target)
print(acc)
```

最后，可以得到使用多项式核函数和高斯核函数的准确率都为 83.7%。

通过上面的实验，可以看出由于数据集较小，使用复杂的核函数和线性核函数在分类效果上几乎没有差别。由于线性核函数的训练速度更快，所以当我们使用 SVM 分类器进行分类时，使用的数据集较小时，可以直接使用线性核函数；数据集较大时，再考虑使用更复杂的核函数。

6.4 本章小结

本章使用支持向量机对 20 组新闻稿数据集进行分类，介绍了支持向量机的理论，包括线性支持向量机、非线性支持向量机和核函数。支持向量机以统计学习理论为基础，有极其严格的理论依据，建立在 VC 维理论和结构风险最小原理基础上，同时又引入了核函数，使其算法可以向高维空间映射，但又避免了复杂的计算，并有效克服了维数灾难的问题。由于上述这些比较显著的优点，它也被应用在了很多领域并取得了好的成果。

支持向量机的优越性使得它在模式识别、回归分析、函数估计、时间序列预测等领域都得到了长足的发展，并被广泛应用于文本识别、手写字体识别、人脸图像识别、基因分类等任务中。

6.5 习题

（1）给定含有 3 个样本的数据集，其中正例为 $x_1 = (3,3)^{\mathrm{T}}, x_2 = (4,3)^{\mathrm{T}}$，负例为 $x_3 = (1,1)^{\mathrm{T}}$，试求最大间隔分类超平面和分类决策函数。

（2）支持向量机为什么采用间隔最大化 (与感知机的区别)?

（3）为什么要将求解 SVM 的原始问题转换为其对偶问题?

（4）为什么要引入核函数，以及常用的核函数有哪些?

（5）支持向量机的优缺点。

（6）支持向量机适合解决什么问题? 常用在哪些领域?

第7章 聚 类

7.1 引言

为什么会有聚类？在以前，人类根据自身的归纳能力，结合事物间的关联性进行分类，这是一个人工的过程。比如，我们在丛林中碰到某种不认识的动物，根据有锋利的犬齿、锋利的爪子将其分类为食肉动物，那么就套用食肉动物的相关知识对其进行安全防范准备。一般的分类都是根据人类的知识来进行的：如何设置特征变量、特征变量的取值和类的关系等。但有些情况下，如何分类的知识人类也不太清楚时，这就无法分类，也就无法完成认知了。为了解决这种情况下的问题，所以就提出了聚类。

后来，人们又发现事物观察的角度有很多方面，不同的角度会产生不同的分类方式。角度众多造成的结果就是我们可以有无穷多种归类的方式。现实生活中，一些事物的维度往往是成百上千的，这已经远远超越了简单的人工归类的能力和方式了。另外大数据正日益对全球生产、流通、分配、消费活动以及经济运行机制、社会生活方式和国家治理能力产生越来越重要的影响。所以我们需要有一种普适的能够自动化的归类方式。聚类就是其中一种，它反映了人们对认识事物的进一步提升。这里只讨论计算机中、数学中的聚类，其他领域的聚类可自行扩展。

7.2 聚类任务

在无监督学习 (unsupervised learning) 中，训练样本的标记信息是未知的，目标是通过对无标记训练样本的学习来揭示数据的内在性质及规律，为进一步的数据分析提供基础。此类学习任务中研究最多、应用最广的是“聚类” (clustering)。

聚类试图将数据集中的样本划分为若干个通常是不相交的子集，每个子集称为一个“簇” (cluster)。通过这样的划分，每个簇可能对应于一些潜在的概念 (类别)。需说明的是，这些概念对聚类算法而言事先是未知的，聚类过程仅能自动形成簇结构，簇所对应的概念语义需由使用者来把握和命名。

形式化地说，假定样本集 $\boldsymbol{X} = \{x_1, x_2, \cdots, x_n\}$ 包含 n 个无标记样本，每个样本 $x_i = (x_{i1}, x_{i2}, \cdots, x_{im})$ 是一个 m 维的特征向量，聚类算法将样本集 $\boldsymbol{X}$ 划分成 k 个不相交的簇 $\{C_l \mid l = 1, 2, \cdots, k\}$。其中 $C_{l'} \bigcap_{l' \neq l} C_l = \phi$，且 $\boldsymbol{X} = \bigcup_{l=1}^{k} C_l$。相应地，用 $\lambda_j \in \{1, 2, \cdots, k\}$ 表示样本 x_j 的簇标记 (cluster label)，即 $x_j \in C_{\lambda_j}$。于是，聚类的结果可用包含 n 个元素的簇标记向量 $\boldsymbol{\lambda} = \left\{\lambda_j, \lambda_2, \cdots, \lambda_n\right\}$ 表示。

聚类既能作为一个单独过程，用于找寻数据内在的分布结构，也可作为分类等其他学习任务的前驱过程。例如，在一些商业应用中需对新用户的类型进行判别，但定义“用户类型”对商家来说却可能不太容易，此时往往可先对用户数据进行聚类，根据聚类结果将每个簇定义为一个类，然后基于这些类训练分类模型，用于判别新用户的类型。

7.3 性能度量

聚类性能度量，也称为聚类“有效性指标” (validity index)。聚类是将样本集 $\boldsymbol{X}$ 划分为若干互不相交的子集，那么什么样的聚类结果效果比较好呢？我们希望“物以类聚”，即同一簇的样本尽可能彼此相似，不同簇的样本尽可能不同。换言之，聚类结果的“簇内相似度” (intra-cluster similarity) 高，且“簇间相似度” (inter-cluster similarity) 低，这样的聚类效果较好。

聚类性能度量大致有两类，一类是将聚类结果与某个“参考模型”进行比较，称为“外部指标”；另一类则是直接考察聚类结果而不利用任何参考模型，称为“内部指标”。

对数据集 $\boldsymbol{X} = \{x_1, x_2, \cdots, x_n\}$，假定聚类得到的簇划分为 $C = \{C_1, C_2, \cdots, C_k\}$，参考模型给出的簇划分为 $C^* = \{C_1^*, C_2^*, \cdots, C_s^*\}$。相应地，令 λ 与 λ^* 分别表示与 C 和 C^* 对应的簇标记向量，我们将样本两两配对考虑，定义：

$$a = |SS|, SS = \left\{(x_i, x_j) \mid \lambda_i = \lambda_j, \lambda_i^* = \lambda_j^*, i < j\right\} \tag{7.3.1}$$

$$b = |SD|, SD = \left\{(x_i, x_j) \mid \lambda_i = \lambda_j, \lambda_i^* \neq \lambda_j^*, i < j\right\} \tag{7.3.2}$$

$$c = |DS|, DS = \left\{(x_i, x_j) \mid \lambda_i \neq \lambda_j, \lambda_i^* = \lambda_j^*, i < j\right\} \tag{7.3.3}$$

$$d = |DD|, DD = \left\{(x_i, x_j) \mid \lambda_i \neq \lambda_j, \lambda_i^* \neq \lambda_j^*, i < j\right\} \tag{7.3.4}$$

集合 SS 包含了在 C 中隶属于相同簇且在 C^* 中也隶属于相同簇的样本对，集合 SD 包含了在 C 中隶属于相同簇但在 C^* 中隶属于不同簇的样本对，每个样本对 $(\boldsymbol{x}_i, \boldsymbol{x}_j)(i < j)$ 仅能出现在一个集合中，因此有 $a + b + c + d = m(m-1)/2$ 成立。

基于式 (7.3.1)~式 (7.3.4)，可以导出以下常用的性能度量外部指标。

（1）Jaccard系数 (jaccard coefficient，JC)：

$$\text{JC} = \frac{a}{a+b+c} \tag{7.3.5}$$

（2）FM 指数 (fowlkes and mallows index，FMI)：

$$\mathrm{FMI} = \sqrt{\frac{a}{a+b} \cdot \frac{a}{a+c}} \tag{7.3.6}$$

（3）Rand 指数 (rand index，RI)：

$$\mathrm{RI} = \frac{2(a+d)}{m(m-1)} \tag{7.3.7}$$

上述性能度量的结果值均在 [0, 1] 区间，值越大越好。

考虑聚类结果的簇划分 $C = \{C_1, C_2, \cdots, C_k\}$，定义如下。

（1）簇 C 内样本间的平均距离：

$$\mathrm{avg(C)} = \frac{2}{|C|(|C|-1)} \sum_{1 \leqslant i \leqslant j \leqslant |C|} \mathrm{dist}(x_i, x_j) \tag{7.3.8}$$

（2）簇 C 内样本间的最远距离：

$$\mathrm{diam(C)} = \max_{1 \leqslant i \leqslant j \leqslant |C|} \mathrm{dist}(x_i, x_j) \tag{7.3.9}$$

（3）簇 C_i 与簇 C_j 最近样本间的距离：

$$\mathrm{d_{min}(C)} = \min_{x_i \in C_i, x_j \in C_j} \mathrm{dist}(x_i, x_j) \tag{7.3.10}$$

（4）簇 C_i 与簇 C_j 中心点间的距离：

$$\mathrm{d_{cen}(C)} = \mathrm{dist}(\mu_i, \mu_j) \tag{7.3.11}$$

基于式 (7.3.8)~式 (7.3.11)，可以导出以下常用的性能度量内部指标。

（1）DB 指数 (davies-bouldin index，DBI)：

$$\mathrm{DBI} = \frac{1}{k} \sum_{i=1}^{k} \max_{j \neq i} \left[\frac{\mathrm{avg}\,(C_i) + \mathrm{avg}\left(C_j\right)}{\mathrm{d_{cen}}\left(\mu_i, \mu_j\right)} \right] \tag{7.3.12}$$

（2）Dunn 指数 (dunn index，DI)：

$$\mathrm{DI} = \min_{1 \leqslant i \leqslant k} \left\{ \min_{j \neq i} \left[\frac{d_{\min}\left(C_i, C_j\right)}{\max_{1 \leqslant l \leqslant k} \mathrm{diam}\,(C_l)} \right] \right\} \tag{7.3.13}$$

7.4 原型聚类

原型聚类也称为“基于原型的聚类”。此类算法假设聚类结果能通过一组原型刻画，在现实聚类任务中极为常用。通常情况下，算法先对原型进行初始化，然后对原型进行迭代更新求解，采用不同的原型表示、不同的求解方式将产生不同的算法，下面介绍几种著名的原型聚类算法。

7.4.1　K-均值算法

K-均值聚类算法 [22]是一种迭代求解的聚类分析算法，其步骤是先将数据分为 K 组，随机选取 K 个对象作为初始的聚类中心，然后计算每个对象与各个种子聚类中心之间的距离，把每个对象分配给距离它最近的聚类中心，聚类中心以及分配给它们的对象就代表一个聚类。每分配一个样本，聚类的聚类中心会根据聚类中现有的对象被重新计算，这个过程将不断重复直到满足某个终止条件。终止条件可以是没有 (或最小数目) 对象被重新分配给不同的聚类，没有 (或最小数目) 聚类中心再发生变化，误差平方和局部最小。

具体来说，给定数据集 $\boldsymbol{X} = \{\boldsymbol{x}_1, \boldsymbol{x}_2, \cdots, \boldsymbol{x}_n\}$ ，K-均值算法针对聚类所得簇划分 $C = \{C_1, C_2, \cdots, C_k\}$ 最小化平方误差

$$E = \sum_{i=1}^{k} \sum_{x \in C_j} \|\boldsymbol{x} - \boldsymbol{\mu}_i\|_2^2 \tag{7.4.1}$$

其中，$\boldsymbol{\mu}_i$ 是簇 C_i 的均值向量，E 值在一定程度上刻画了簇内样本围绕簇均值向量的紧密程度，E 值越小，则簇内样本相似度越高。

最小化式 (7.4.1) 并不简单，找到它的最优解需要考察样本集 $\boldsymbol{X}$ 所有可能的簇划分。因此，K-均值算法采用了贪心策略，通过迭代优化近似求解，算法流程如表 7.1 所示，其中第 1 行对均值向量进行初始化，在第 4~8 行与第 9~16 行依次对当前簇划分及均值向量迭代更新，若迭代更新后聚类结果保持不变，则在第 18 行将当前簇划分结果返回。

以手写数字数据集的 K-均值聚类为示例，具体的 Python 代码如下。

（1）加载数据集，此数据集包含从 0~9 的手写数字。

```
from sklearn.datasets import load_digits
data, labels = load_digits(return_X_y=True)
(n_samples, n_features), n_digits=data.shape, np.unique(labels).size
print(f"#digits:{digits};#samples:{samples};#features{features}")
```

（2）定义评估标准。

```
from time import time
from sklearn import metrics
from sklearn.pipeline import make_pipeline
from sklearn.preprocessing import StandardScaler
def bench_k_means(kmeans, name, data, labels):
      t0 = time()
```

表 7.1 K-均值聚类算法

输入: 样本集 $X = \{x_1, x_2, \cdots, x_n\}$; 聚类簇数 k
过程:
1. 从 X 中随机选择 k 个样本作为初始均值向量 $\{\mu_1, \mu_2, \cdots, \mu_k\}$
2. repeat:
3. 令 $C_i = \varnothing \ (1 \leqslant i \leqslant k)$
4. for $j = 1, 2, \cdots, n$ do
5. 计算样本 x_j 与各均值向量 $\mu_i (1 \leqslant i \leqslant k)$ 的距离: $d_{ji} = \|x_j - \mu_i\|_2$
6. 根据距离最近的均值向量确定 x_j 的簇标记: $\lambda_j = \arg\min_{i \in \{1,2,\cdots,k\}} d_{ji}$
7. 将样本 x_j 划入相应的簇: $C_{\lambda_j} = C_{\lambda_j} \cup \{x_j\}$
8. end for
9. for $i = 1, 2, \cdots, k$ do
10. 计算新均值向量: $\mu_i' = \frac{1}{|C_i|} \sum_{x \in C_i} x$
11. if $\mu_i' \neq \mu_i$ **then**
12. 将当前均值向量 μ_i 更新为 μ_i'
13. else
14. 保持当前均值向量不变
15. end else
16. end for
17. until 当前均值向量均未更新
输出: 簇划分 $C = \{C_1, C_2, \cdots, C_k\}$

```
estimator = make_pipeline(StandardScaler(), kmeans).fit(data)
fit_time = time() - t0
results = [name, fit_time, estimator[-1].inertia_]
clustering_metrics = [
    metrics.homogeneity_score,
    metrics.completeness_score,
    metrics.v_measure_score,
    metrics.adjusted_rand_score,
    metrics.adjusted_mutual_info_score,
]
results += [
    metrics.silhouette_score(
        data,
        estimator[-1].labels_,
        metric="euclidean",
        sample_size=300,
    )
]
```

```
    formatter_result=("{:9s}\t{:.3f}s\t{:.0f}\t{:.3f}\t{:.3f}\t{:.3f}
\t{:.3f}\t{:.3f}\t{:.3f}"
    )
    print(formatter_result.format(*results))
```

（3）使用 K-means 进行初始化，随机初始化 4 次。

```
from sklearn.cluster import KMeans
print(82 * "_")
print("init\t\ttime\tinertia\thomo\tcompl\tv-meas\tARI\tAMI
\tsilhouette")
kmeans = KMeans(init="k-means++", n_clusters=n_digits, n_init=4,
    random_state=0)
bench_k_means(kmeans=kmeans, name="k-means++", data=data,
    labels=labels)
```

得到具体的聚类结果如表 7.2 所示。

表 7.2　K-均值算法聚类结果

时间	同质性分数	完整性分数	调整兰德指数	调整互信息
0.046s	0.680	0.719	0.570	0.695

（4）在 PCA 上简化数据并可视化结果，PCA 允许将原始 64 维空间中的数据投影到低维空间中。随后使用主成分分析将数据投影到二维空间，并在这个新空间中绘制数据和聚类。实验结果如图 7.1 所示。

```
reduced_data = PCA(n_components=2).fit_transform(data)
kmeans = KMeans(init="k-means++", n_clusters=n_digits, n_init=4)
kmeans.fit(reduced_data)
h = 0.02
x_min, x_max=reduced_data[:, 0].min()-1, reduced_data[:, 0].max()+1
y_min, y_max=reduced_data[:, 1].min()-1, reduced_data[:, 1].max()+1
xx, yy = np.meshgrid(np.arange(x_min, x_max, h), np.arange(y_min,
    y_max, h))
Z = kmeans.predict(np.c_[xx.ravel(), yy.ravel()])
Z = Z.reshape(xx.shape)
plt.figure(1)
plt.clf()
```

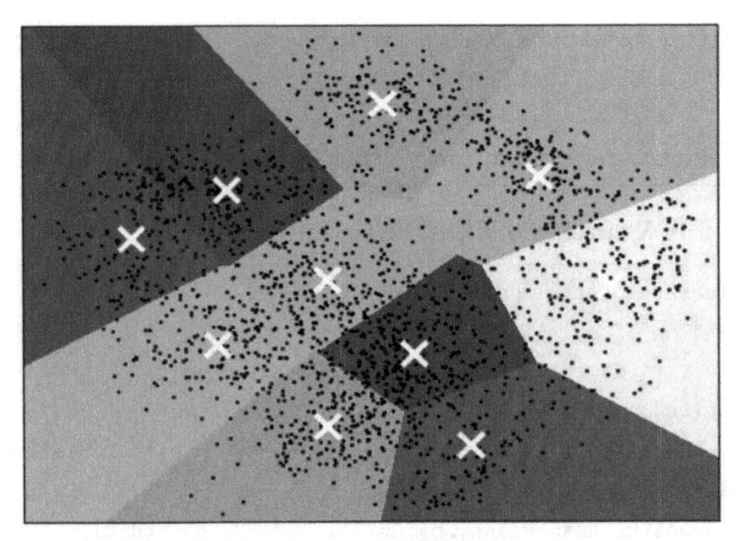

图 7.1 *K*-means 算法聚类结果

```
plt.imshow(
    Z,
    interpolation="nearest",
    extent=(xx.min(), xx.max(), yy.min(), yy.max()),
    cmap=plt.cm.Paired,
    aspect="auto",
    origin="lower",
)
plt.plot(reduced_data[:, 0], reduced_data[:, 1], "k.", markersize=2)
centroids = kmeans.cluster_centers_
plt.scatter(
    centroids[:, 0],
    centroids[:, 1],
    marker="x",
    s=169,
    linewidths=3,
    color="w",
    zorder=10,
)
plt.xlim(x_min, x_max)
```

```
plt.ylim(y_min, y_max)
plt.xticks(())
plt.yticks(())
plt.show()
```

7.4.2　高斯混合模型

混合模型是一个可以用来表示在总体分布中含有 K 个子分布的概率模型，换句话说，混合模型表示了观测数据在总体中的概率分布，它是一个由 K 个子分布组成的混合分布。混合模型不要求观测数据提供关于子分布的信息来计算观测数据在总体分布中的概率。

高斯混合模型可以看作是由 K 个单高斯模型组合而成的模型。举例来说，假设我们现在有一组猫的样本数据，不同种类的猫体型、颜色、长相各不相同，但都属于猫这个种类。此时，单高斯模型可能不能很好地来描述这个分布，因为样本数据分布并不是一个单一的椭圆，所以用高斯混合分布可以更好地描述这个问题。这 K 个子模型是混合模型的隐变量 (hidden variable)，与 K-均值用原型向量来刻画聚类结构不同，高斯混合聚类采用概率模型来表达聚类原型。例如图 7.2 表示 3 个高斯分布真实密度函数分布，图 7.3 表示 3 个高斯分布估计密度函数分布，图 7.4 即为估计的高斯分布密度函数及高斯混合模型分布函数。

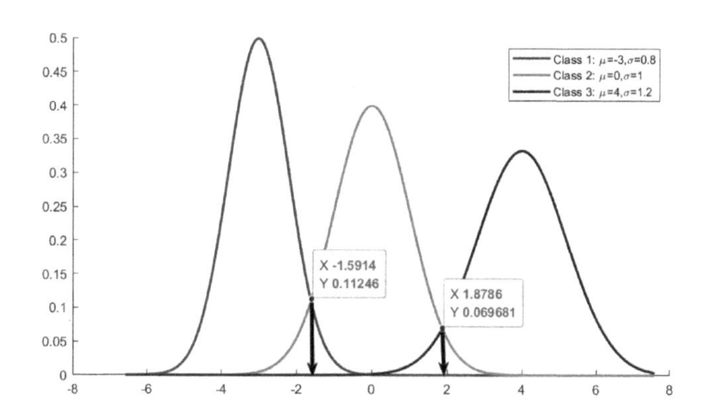

图 7.2　3 个高斯分布真实密度函数分布

在图像处理、计算机视觉中，高斯混合模型可用于区分背景和运动的物体，实现背景提取、目标检测等。一个典型的例子为：一个摄像头持续监控一片区域，那么背景部分的像素值应该相对稳定，变化不大，而运动目标对应的像素值在拍

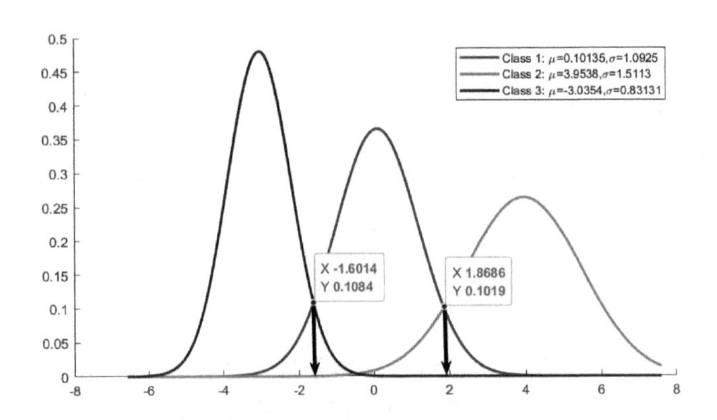

图 7.3　3 个高斯分布估计密度函数分布（各类 100 个点）

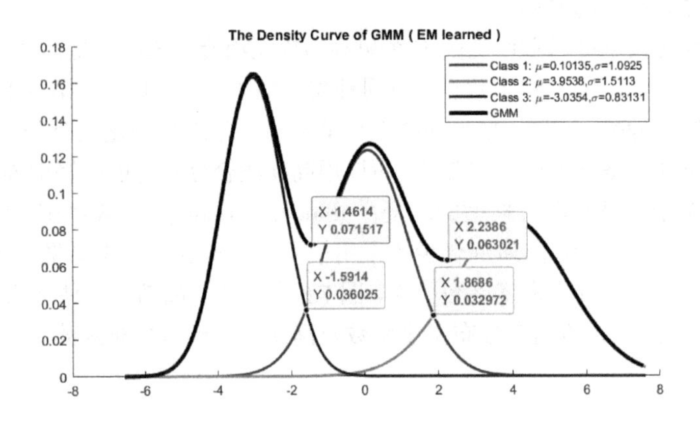

图 7.4　估计的高斯分布密度函数及 GMM 分布函数

摄的不同帧之间应该变动剧烈。因此可以用高斯混合模型对像素值的分布进行建模，然后对拍摄到的每一帧，都可以计算所有像素关于各个高斯成分的权重系数。若一个像素的权重系数在不同帧之间出现剧烈变化，那么这个像素对应的应该是运动目标，反之则对应静态的背景。

我们假定 x_i 表示第 $i\ (i=1,2,\cdots,n)$ 个观测数据，$K\ (K=1,2,\cdots,K)$ 是混合模型中子高斯模型的数量，α_k 是观测数据属于第 k 个子模型的概率，$\alpha_k \geqslant 0$，$\sum_{k=1}^{K}\alpha_k=1$，$\phi(\boldsymbol{x}|\theta_k)$ 是第 k 个子模型的高斯分布密度函数，$\theta_k=\left(\boldsymbol{\mu}_k,\boldsymbol{\sigma}_k^2\right)$。其展开形式与单高斯模型相同，另外 γ_{ik} 表示第 k 个观测数据属于第 k 个子模型的概率。则高斯混合模型的概率分布为：

$$P(\boldsymbol{x}|\theta)=\sum_{k=1}^{K}\alpha_k\phi(\boldsymbol{x}|\theta_k) \tag{7.4.2}$$

对于这个模型而言，参数 $\theta = (\boldsymbol{\mu}_k, \sigma_k, \alpha_k)$，也就是每个子模型的期望、方差(或协方差) 在混合模型中发生的概率。其中高斯分布函数为：

$$\phi(x|\theta) = N(x|\theta) = \frac{1}{\sqrt{2\pi\sigma^2}} \exp\left(-\frac{(x-\mu)^2}{2\sigma^2}\right) \tag{7.4.3}$$

对于单高斯模型，可以用极大似然 (maximum likelihood) 估算参数 θ 的值

$$\theta = \underset{\theta}{\operatorname{argmax}} L(\theta) \tag{7.4.4}$$

这里，假设每个数据点都是独立的，似然函数由概率密度函数 (probability density function，PDF) 给出：

$$L(\theta) = \prod_{i=1}^{m} P(\boldsymbol{x}_i \mid \theta) \tag{7.4.5}$$

对于似然函数式 (7.4.5)，由于每个点发生的概率都很小，乘积会变得极其小，不利于计算和观察，因此通常用极大对数似然来计算 (因为 log 函数具备单调性，不会改变极值的位置，同时在 0~1 输入值很小的变化可以引起输出值相对较大的变动)：

$$\log L(\theta) = \sum_{i=1}^{m} \log P(\boldsymbol{x}_i \mid \theta) \tag{7.4.6}$$

对于高斯混合模型，对数似然函数是：

$$\log L(\theta) = \sum_{i=1}^{m} \log P(\boldsymbol{x}_i|\theta) = \sum_{i=1}^{m} \log\left(\sum_{k=1}^{K} \alpha_k \phi(\boldsymbol{x}_i|\theta_k)\right) \tag{7.4.7}$$

如何计算高斯混合模型的参数呢? 这里无法像单高斯模型那样使用极大似然法来求导求得使似然最大的参数，因为对于每个观测数据点来说，事先并不知道它是属于哪个子分布的 (hidden variable)，所以 log 里面还有求和，对于每个子模型都有末知的 α_k，$\boldsymbol{\mu}_k$，$\boldsymbol{\sigma}_k$，直接求导无法计算，需要通过迭代的方法求解。

EM 算法是一种迭代算法，1977 年由登普斯特等人 [23] 提出，是在概率模型中寻找参数最大似然估计或者最大后验概率估计的算法，其中概率模型依赖于无法观测的隐性变量 (hidden variable)。EM 算法的每次迭代由两步组成：求期望 (expectation)；求极大 (maximization)。因此，这一算法称为期望极大算法 (expectation maximization algorithm)，简称 EM 算法。概率模型有时既含有观测变量 (observable variable)，又含有隐变量或潜在变量 (latent variable)。如果概率模型的变量都是观测变量，那么给定数据，可以直接用极大似然估计法，或贝叶斯估计法估计参数模型。但是，当模型含有隐变量时，就不能简单地使用这些估计方法。EM 算法就是含有隐变量的概率模型参数的极大似然估计法，或极大后验概率估计法。

为了更好地理解 EM 算法，举例来说，假定你是一位五星级酒店的厨师，现在需要把锅里的菜平均分配到两个碟子里。因为无法估计一个碟子里应该盛多

少菜，所以无法一次性把菜完全平均分配。所以，大厨先把锅里的菜一股脑倒进两个碟子里，然后看看哪个碟子里的菜多，就把这个碟子中的菜往另一个碟子中匀，之后多次重复匀的过程，直到两个碟子中菜的量大致一样。上面的例子中，平均分配这个结果是“观测数据 Z”，为实现平均分配而给每个盘子分配多少菜是“待求参数 θ”，分配菜的手感就是“概率分布”。

那么 EM 算法的思想为：

（1）给 θ 设定个初值 (既然我不知道想实现“两个碟子平均分配锅里的菜”的话每个碟子需要有多少菜，那我就先估计个值)。

（2）E 步 (求期望) 根据给定观测数据 X 和当前的参数 θ，求未观测数据 Z 的条件概率分布的期望 (在上一步中，已经根据手感将菜倒进了两个碟子，然后这一步根据“两个碟子里都有菜”和“当前两个碟子都有多少菜”来判断自己倒菜的手感)。

（3）M 步 (求极大化) 上一步中 Z 已经求出来了，于是根据极大似然估计求最优的 θ (手感已经有了，那就根据手感判断盘子里应该有多少菜，然后匀一下)。

（4）因为第（2）步和第（3）步的结果可能不是最优的，所以重复第（2）步和第（3）步，直到收敛 (重复多次均匀的过程，直到两个碟子中菜的量大致一样)。

以具体的题目来理解 EM 算法，比如两枚硬币 A 和 B，如果知道每次抛的是 A 还是 B，那可以直接估计 (图 7.5)。

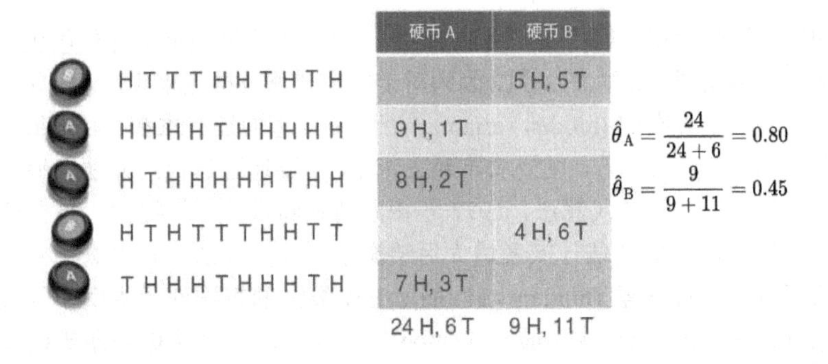

图 7.5　极大似然估计

如果不知道抛的是 A 还是 B (这就是隐变量)，只观测到 5 轮循环每轮实验 10 次，共计 50 次投币的结果，这时就没法直接估计 A 和 B 的正面概率。这时，EM 算法出场 (图 7.6)。

对 A 和 B 两枚硬币，假定随机抛掷后正面朝上的概率分别为 $P(\text{A})$、$P(\text{B})$。为了估计这两个硬币正面朝上的概率，轮流抛硬币 A 和 B，每一轮都连续抛 10 次，总共 5 轮。其中第 2、3、5 轮抛 A，第 1、4 轮抛 B。硬币 A 和 B 正面朝上的

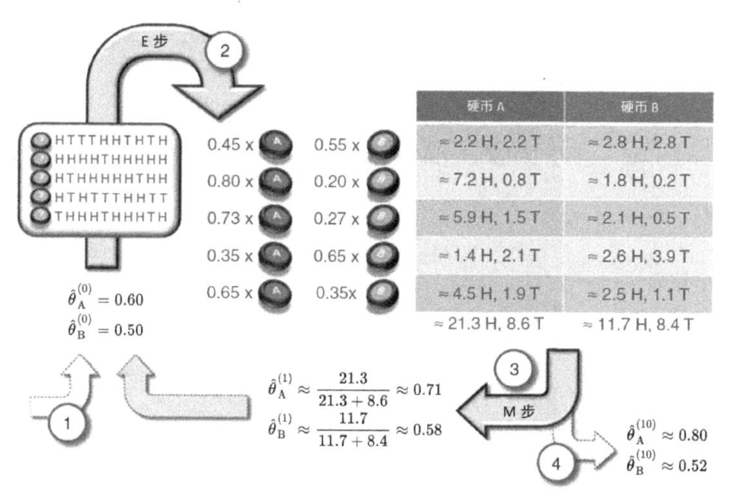

图 7.6 EM 算法估计

概率分别为：

$$P(\mathrm{A}) = \frac{9+8+7}{24+6} = 0.80 \tag{7.4.8}$$

$$P(\mathrm{B}) = \frac{5+4}{9+11} = 0.45 \tag{7.4.9}$$

如果不知道抛的硬币是 A 还是 B (即硬币种类是隐变量)，如何估计正面朝上概率 $P(\mathrm{A})$，$P(\mathrm{B})$？显然，此时多了一个硬币种类的隐变量，设为 Z，可以把它认为是一个 5 维的向量 $(z_1, z_2, z_3, z_4, z_5)^{\mathrm{T}}$，代表每次投掷时所使用的硬币，比如 z_1，就代表第一轮投掷时使用的硬币是 A 还是 B。但是变量 Z 不知道，就无法去估计 $P(\mathrm{A})$ 和 $P(\mathrm{B})$，所以，我们必须先估计出 Z，然后才能进一步估计 $P(\mathrm{A})$ 和 $P(\mathrm{B})$。可要估计 Z，又得知道 $P(\mathrm{A})$ 和 $P(\mathrm{B})$，这样才能用极大似然概率法则去估计 Z，这不是鸡生蛋和蛋生鸡的问题吗？

所以我们先随机初始化一个 $P(\mathrm{A})$ 和 $P(\mathrm{B})$，用它来估计 Z，然后基于 Z，按照极大似然概率法则去估计新的 $P(\mathrm{A})$ 和 $P(\mathrm{B})$，如果新的 $P(\mathrm{A})$ 和 $P(\mathrm{B})$ 和我们初始化的 $P(\mathrm{A})$ 和 $P(\mathrm{B})$ 一样，这说明我们初始化的 $P(\mathrm{A})$ 和 $P(\mathrm{B})$ 是一个相当靠谱的估计。也就是说，我们初始化的 $P(\mathrm{A})$ 和 $P(\mathrm{B})$，按照最大似然概率就可以估计出 Z，然后基于 Z，按照最大似然概率可以反过来估计出 $P_1(\mathrm{A})$ 和 $P_1(\mathrm{B})$，当与我们初始化的 $P(\mathrm{A})$ 和 $P(\mathrm{B})$ 一样时，说明 $P_1(\mathrm{A})$ 和 $P_1(\mathrm{B})$ 很有可能就是真实的值。这里面包含了两个交互的最大似然估计。如果新估计出来的 $P(\mathrm{A})$ 和 $P(\mathrm{B})$ 和我们初始化的值差别很大，就继续用新的 $P_1(\mathrm{A})$ 和 $P_1(\mathrm{B})$ 迭代，直至收敛。

以上题为例，初始化估计 $\hat{\theta}_{\mathrm{A}}^{(0)} = 0.60$，$\hat{\theta}_{\mathrm{B}}^{(0)} = 0.50$，即 $P(\mathrm{A}) = 0.60$ 和 $P(\mathrm{B}) = 0.50$，硬币 A 和 B 正面分别朝上的概率为 0.6 和 0.5。由于第 1 轮抛掷硬币未知，

若是硬币 A，得出 5 正 5 反的概率 (z_1 发生的概率) 为 $P(Z=z_1|\mathrm{A})=0.6^5 0.4^5=7.96\times10^{-4}$。若是硬币 B，得出 5 正 5 反的概率为 $0.5^5\times0.5^5=9.77\times10^{-4}$，因此，第 1 轮抛掷是硬币 A 的概率为:

$$
\begin{aligned}
P(\mathrm{A}|Z=z_1)=\frac{P(Z=z_1|\mathrm{A})}{P(Z=z_1|\mathrm{A})+P(Z=z_1|\mathrm{B})}&=\frac{7.96}{7.96+9.77}=0.45\\
P(\mathrm{A}|Z=z_2)&=\frac{40.0}{40.0+9.77}=0.80\\
P(\mathrm{A}|Z=z_3)&=\frac{27.0}{27.0+9.77}=0.73\\
P(\mathrm{A}|Z=z_4)&=\frac{5.31}{5.31+9.77}=0.35\\
P(\mathrm{A}|Z=z_5)&=\frac{18.0}{18.0+9.77}=0.65
\end{aligned}
\tag{7.4.10}
$$

所以总结 EM 算法流程如下。

输入：观测数据 $\boldsymbol{X}$，隐变量数据 $\mathbf{Z}$，联合分布 $P(\boldsymbol{X},\mathbf{Z}|\theta)$，条件分布 $P(\mathbf{Z}|\boldsymbol{X},\theta)$。

输出：模型参数 θ。

（1）选择参数的初值 $\theta^{(0)}$，开始迭代。

（2）E 步：记 $\theta^{(t)}$ 为第 t 次迭代参数 θ 的估计值，在第 $t+1$ 次迭代的 E 步，计算

$$
Q(\theta,\theta^{(t)})=E_{\mathbf{Z}}\left[\log P(\boldsymbol{X},\mathbf{Z}|\theta),\theta^{(t)}\right]=\sum_{\mathbf{Z}}\log P(\boldsymbol{X},\mathbf{Z}|\theta)P(\mathbf{Z}|\boldsymbol{X},\theta^{(t)})
\tag{7.4.11}
$$

这里， $P(\mathbf{Z}|\boldsymbol{X},\theta^{(t)})$ 是在给定观测数据 $\boldsymbol{X}$ 和当前的参数估计 $\theta^{(t)}$ 下隐变量数据 $\mathbf{Z}$ 的条件概率分布。

（3）M 步：求使 $Q(\theta,\theta^{(t)})$ 极大化的 θ，确定第 $t+1$ 次迭代的参数的估计值。

$$
\theta^{(t+1)}=\arg\max_{\theta}Q(\theta,\theta^{(t)})
\tag{7.4.12}
$$

（4）重复第（2）步和第（3）步，直到收敛。

EM 算法应用在高斯混合模型里可以推算出模型参数，具体流程如下。

（1）首先初始化参数 E 步：依据当前参数，计算每个数据 i 来自子模型 k 的可能性。

$$
\gamma_{ik}=\frac{\alpha_k\phi(\boldsymbol{x}_i|\theta_k)}{\sum\limits_{k=1}^{K}\alpha_k\phi(\boldsymbol{x}_i|\theta_k)},i=1,2,\cdots,m,k=1,2,\cdots,K
\tag{7.4.13}
$$

（2）M 步：计算新一轮迭代的模型参数。

$$
\boldsymbol{\mu}_k=\frac{\sum_{i=1}^{m}(\gamma_{ik}\boldsymbol{x}_i)}{\sum_{i=1}^{m}\gamma_{ik}},k=1,2,\cdots,K
\tag{7.4.14}
$$

$$
\boldsymbol{\Sigma}_k=\frac{\sum_{i=1}^{m}\gamma_{ik}(\boldsymbol{x}_i-\boldsymbol{\mu}_k)(\boldsymbol{x}_i-\boldsymbol{\mu}_k)^{\mathrm{T}}}{\sum_{i=1}^{m}\gamma_{ik}},k=1,2,\cdots,K
\tag{7.4.15}
$$

$$
\alpha_k=\frac{\sum_{i=1}^{m}\gamma_{ik}}{m},k=1,2,\cdots,K
\tag{7.4.16}
$$

（3）重复计算 E 步和 M 步直至收敛，$\|\theta_{t+1}-\theta_t\|<\varepsilon$，$\varepsilon$ 是一个很小的正数，表示经过一次迭代之后参数变化非常小。

以 Iris 数据集上使用各种 GMM 分类器在训练和保留的测试数据上绘制预测标签为例编写代码，具体的 python 代码如下。

（1）导入模型所需要的相关库。

```
import matplotlib.pyplot as plt
import matplotlib as mpl
import numpy as np
from sklearn import datasets
from sklearn.cross_validation import StratifiedKFold
from sklearn.externals.six.moves import xrange
from sklearn.mixture import GMM
```

（2）将数据集划分为训练集和测试集。

```
def make_ellipses(gmm, ax):
    for n, color in enumerate('rgb'):
        v, w = np.linalg.eigh(gmm._get_covars()[n][:2, :2])
        u = w[0] / np.linalg.norm(w[0])
        angle = np.arctan2(u[1], u[0])
        angle = 180 * angle / np.pi
        v *= 9
        ell = mpl.patches.Ellipse(gmm.means_[n, :2], v[0], v[1],
                                  180 + angle, color=color)
        ell.set_clip_box(ax.bbox)
        ell.set_alpha(0.5)
        ax.add_artist(ell)
iris = datasets.load_iris()
skf = StratifiedKFold(iris.target, n_folds=4)
train_index, test_index = next(iter(skf))
X_train = iris.data[train_index]
y_train = iris.target[train_index]
X_test = iris.data[test_index]
y_test = iris.target[test_index]
n_classes = len(np.unique(y_train))
```

（3）使用不同类型的协方差进行 GMM。

```
classifiers = dict((covar_type, GMM(n_components=n_classes,
            covariance_type=covar_type, init_params='wc',n_iter=20))
for covar_type in ['spherical', 'diag', 'tied', 'full'])
n_classifiers = len(classifiers)
plt.figure(figsize=(3 * n_classifiers / 2, 6))
plt.subplots_adjust(bottom=.01, top=0.95, hspace=.15, wspace=.05,
                 left=.01, right=.99)
for index, (name, classifier) in enumerate(classifiers.items()):
classifier.means_=np.array([X_train[y_train==i].mean(axis=0)
for i in xrange(n_classes)])
```

（4）使用 EM 算法训练其他参数。

```
classifier.fit(X_train)
    h = plt.subplot(2, n_classifiers / 2, index + 1)
    make_ellipses(classifier, h)
    for n, color in enumerate('rgb'):
        data = iris.data[iris.target == n]
        plt.scatter(data[:, 0], data[:, 1], 0.8, color=color,
                    label=iris.target_names[n])
```

（5）绘制测试数据。

```
for n, color in enumerate('rgb'):
        data = X_test[y_test == n]
        plt.plot(data[:, 0], data[:, 1], 'x', color=color)
    y_train_pred = classifier.predict(X_train)
    train_accuracy=np.mean(y_train_pred.ravel()==y_train.ravel())*100
    plt.text(0.05, 0.9, 'Train-accuracy:%.1f'%train_accuracy,
    transform=h.transAxes)
    y_test_pred = classifier.predict(X_test)
    test_accuracy = np.mean(y_test_pred.ravel()==y_test.ravel())*100
    plt.text(0.05, 0.8, 'Test-accuracy:%.1f' % test_accuracy,
    transform=h.transAxes)
    plt.xticks(())
```

```
    plt.yticks(())
    plt.title(name)
plt.legend(loc='lower␣right', prop=dict(size=12))
plt.show()
```

实验结果如图 7.7 所示，分别表示 4 种不同类型的协方差进行 GMM 得到的对测试数据的聚类。

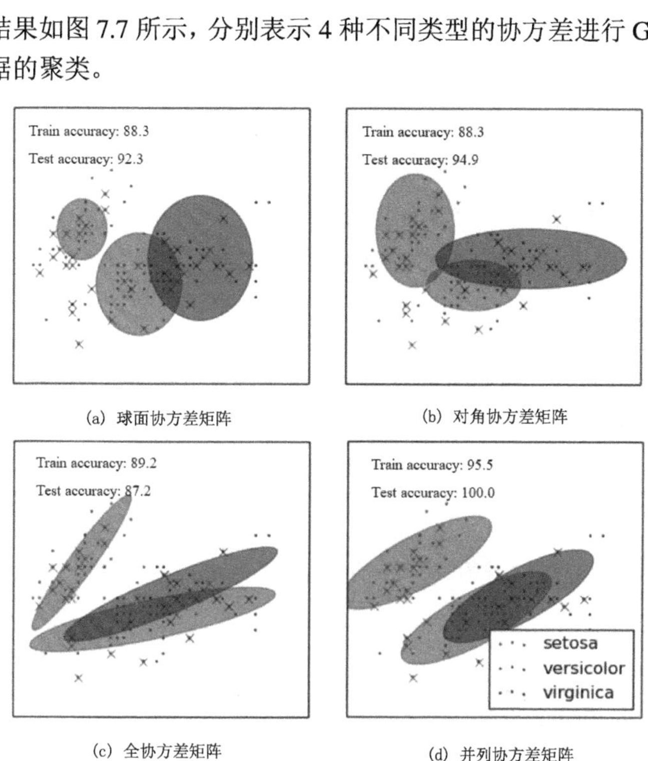

(a) 球面协方差矩阵　(b) 对角协方差矩阵　(c) 全协方差矩阵　(d) 并列协方差矩阵

图 7.7　不同类型的协方差的 GMM

7.5　层次聚类

层次聚类试图在不同层次对数据集进行划分，从而形成树形的聚类结构。数据集划分既可采用“自底向上”的聚合策略，也可采用“自顶向下”的分拆策略。AGNES [24] 算法是一种采用自底向上聚合策略的算法。将样本中的每一个样本看作一个初始聚类簇，然后在算法运行的每一步中找出距离最近的两个聚类簇进行合并，该过程不断重复，直到达到预设的聚类簇的个数。例如，在簇 A 中的一个对象和簇 B 中的一个对象之间的距离是所有属于不同簇的对象之间最小的，AB 可能被合并。关键是如何计算聚类簇之间的距离，例如这里给定两个聚

类簇 C_i 和 C_j，他们的距离度量方式有以下 3 种：

（1）最小距离：

$$d_{\min}(C_i, C_j) = \min_{x \in C_i, z \in C_j} \text{dist}(\boldsymbol{x}, z) \tag{7.5.1}$$

（2）最大距离：

$$d_{\max}(C_i, C_j) = \max_{x \in C_i, z \in C_j} \text{dist}(\boldsymbol{x}, z) \tag{7.5.2}$$

（3）平均距离：

$$d_{\text{avg}}(C_i, C_j) = \frac{1}{|C_i||C_j|} \sum_{x \in C_i, z \in C_j} \text{dist}(\boldsymbol{x}, z) \tag{7.5.3}$$

可以看出，最小距离由两个簇的最近样本决定，最大距离由两个簇的最远样本决定，平均距离由两个簇的所有样本共同决定，当距离簇距离由 $d_{\min}$、$d_{\max}$ 或 d_{avg} 计算时，AGNES 算法则被相应地称为“单链接”“全链接”或者“均链接”。

AGNES 算法如表 7.3 所示，在第 1~8 行，算法先对仅含一个样本的初始聚类簇和相应的距离矩阵进行初始化；然后在第 10~17 行，AGNES 不断合并距离最近的聚类簇，并对合并得到的聚类簇的距离矩阵进行更新。上述过程不断重复，直至达到预设的聚类簇数。

表 7.3 AGNES 算法

输入: 样本集 $\boldsymbol{X} = \{\boldsymbol{x}_1, \boldsymbol{x}_2, \cdots, \boldsymbol{x}_n\}$; 聚类簇距离度量函数 d; 聚类簇数 k
过程:
1. 从 $\boldsymbol{X}$ 中随机选择 k 个样本作为初始均值向量 $\{\boldsymbol{\mu}_1, \boldsymbol{\mu}_2, \cdots, \boldsymbol{\mu}_k\}$
2. repeat:
3. 令 $C_i = \varnothing \ (1 \leqslant i \leqslant k)$
4. for $j = 1, 2, \cdots, n$ do
5. 计算样本 $\boldsymbol{x}_j$ 与各均值向量 $\boldsymbol{\mu}_i (1 \leqslant i \leqslant k)$ 的距离: $d_{ji} = \|\boldsymbol{x}_j - \boldsymbol{\mu}_i\|_2$
6. 根据距离最近的均值向量确定 $\boldsymbol{x}_j$ 的簇标记: $\lambda_j = \arg\min_{i \in \{1,2,\cdots,k\}} d_{ji}$
7. 将样本 $\boldsymbol{x}_j$ 划入相应的簇: $C_{\lambda_j} = C_{\lambda_j} \cup \{\boldsymbol{x}_j\}$
8. end for
9. for $i = 1, 2, \cdots, k$ do
10. 计算新均值向量: $\boldsymbol{\mu}'_i = \frac{1}{|C_i|} \sum_{x \in C_i} \boldsymbol{x}$
11. if $\mu'_i \neq \mu_i$ **then**
12. 将当前均值向量 $\boldsymbol{\mu}_i$ 更新为 $\boldsymbol{\mu}'_i$
13. else
14. 保持当前均值向量不变
15. end else
16. end for
17. until 当前均值向量均未更新
输出 簇划分 $C = \{C_1, C_2, \cdots, C_k\}$

举例使用层次聚类方法计算 Lena 二维图像的分割，具体 Python 代码如下。

（1）导入模型所需要的相关库。

```
import time as time
import numpy as np
import scipy as sp
import matplotlib.pyplot as plt
from sklearn.feature_extraction.image import grid_to_graph
from sklearn.cluster import AgglomerativeClustering
```

（2）生成数据。

```
lena = sp.misc.lena()
lena = lena[::2,::2]+lena[1::2,::2]+lena[::2,1::2]+lena[1::2,1::2]
X = np.reshape(lena, (-1, 1))
```

（3）定义数据的结构。

```
connectivity = grid_to_graph(*lena.shape)
```

（4）计算聚类结果。

```
print("Compute␣structured␣hierarchical␣clustering...")
st = time.time()
n_clusters = 15
ward = AgglomerativeClustering(n_clusters=n_clusters,
      linkage='ward', connectivity=connectivity).fit(X)
label = np.reshape(ward.labels_, lena.shape)
print("Elapsed␣time:", time.time() - st)
print("Number␣of␣pixels:", label.size)
print("Number␣of␣clusters:", np.unique(label).size)
```

（5）可视化聚类结果，结果如图 7.8 所示。

```
plt.figure(figsize=(5, 5))
plt.imshow(lena, cmap=plt.cm.gray)
for l in range(n_clusters):
   plt.contour(label == l, contours=1,
            colors=[plt.cm.spectral(l / float(n_clusters)), ])
plt.xticks(())
```

图 7.8 Lena 二维图像的分割

```
plt.yticks(())
plt.show()
```

7.6 习题

（1）K-均值算法的优缺点是什么？

（2）如何对 K-均值算法进行调优？

（3）聚类结果中若每个簇都有一个凸包 (包含簇样本的凸多面体)，且这些凸包不相交，则称为凸聚类。试析本章介绍的哪些聚类算法只能产生凸聚类，哪些能产生非凸聚类。

（4）已知观测数据 −67，−48，6，8，14，16，23，24，28，29，41，49，56，60，75 试估计两个分量的高斯混合模型的 5 个参数。

（5）试析 AGNES 算法使用最小距离和最大距离的区别。

（6）试设计一个能自动确定聚类数的改进 K-均值算法。

第 8 章　降　维

近年来，随着信息技术的飞速发展，高维数据在模式识别、医学统计、计算机视觉、数字图像处理等领域中频繁出现。高维数据给数据的传输与存储带来了新的挑战。如何从高维数据中有效地找出其特征信息，是信息科学与统计科学领域中的基本问题，也是高维数据分析面临的主要挑战。应对这个挑战的首要步骤是对高维数据进行有效的降维处理。特征降维 (feature dimension reduction) 是一个从初始高维特征集合中选出低维特征集合，以便根据一定的评估准则最优化缩小特征空间的过程，通常作为机器学习的预处理步骤。特征降维自 20 世纪 70 年代以来就获得了广泛的研究。近几年来，在许多应用 (如基因染色体组工程、文本分类、图像检索、消费者关系管理) 中，数据的实例数目和特征数目都急剧增加，这种数据的海量性使得大量机器学习算法在可测量性和学习性能方面产生严重问题。

高维数据即具有成百上千特征的数据集，会包含大量的无关信息和冗余信息，这些信息可能极大地降低学习算法的性能。因此当面临高维数据时，特征降维对于机器学习任务显得十分必要。大量研究实践证明，特征降维能够有效地消除无关和冗余特征，提高挖掘任务的效率，改善预测精确性等学习性能，增强学习结果的易理解性。但数据在数量和维度上的剧增趋势也对特征降维算法提出了更加严峻的挑战。本章给出了特征降维的相关概念介绍，介绍了目前国际上常用的特征降维模型，并且通过列举相关实例的解决方案，比较这些算法的特点。

8.1　引言

目前，我国正处于全面建成小康社会的决胜阶段，人口老龄化、资源环境约束等挑战依然严峻，机器学习算法在教育、医疗、养老、环境保护、城市运行、司法服务等领域得以广泛应用，将极大提高公共服务精准化水平，全面提升人民生活品质。因此了解机器学习算法是打造竞争新优势、开拓发展新空间的有效举措。在机器学习算法中，降维算法是重要的一部分。经典的主成分分析 (principal component analysis, PCA) 算法诞生于 1901 年，这比第一台真正的计算机的诞生早了 40 多年。另一个经典算法线性判别分析 (linear discriminant analysis, LDA) 是费希尔 (Fisher) 发明的，可以追溯到 1936 年，那时候还没有机器学习的概念。此后的近 100 年里，数据降维在机器学习领域没有出现太多重量级的成果，直到 1998 年核主成分分析作为非线性降维算法的出现。这是核技术的又一次登台，与 PCA 的结合将 PCA 改造成了非线性的降维算法。

机器学习算法在处理数据或特征时，过高的维数空间会包含有冗余信息以及噪声信息，在实际应用例如图像识别中造成了误差，降低了准确率，因此需要通过降维算法来减少冗余信息所造成的误差，提高识别的精度。另外，通过降维算法还可以寻找数据内部的本质结构特征，以及加速后续计算的速度，解决数据的稀疏问题等。

在目前的降维技术领域中，线性降维技术由于其简单性、有效性以及良好的泛化能力，在领域内获得了广泛的研究和成功的应用。线性降维技术指的是通过线性变换的方式将数据从原始空间投影到低维特征子空间。到目前为止，线性降维技术已被广泛应用于数据表示、判别分析和特征提取等理论研究及人脸识别、掌纹识别、目标表示、图像检索等计算机视觉和生物信息学研究领域。

当利用机器学习技术解决各种实际问题时，我们所获得的原始数据往往具有一定程度的相关和冗余。因而需要根据应用需求，从原始数据中提取或选取出相应的有效判别或描述特征。近年来，数据获取技术的快速发展使得许多原始数据的维数非常之高。然而，许多经典机器学习方法存在维数灾难问题，即数据维数远远大于样本数目的时候会导致系统识别精度的急剧下降。利用数据降维技术，我们可以将原始数据映射到低维空间，从而达到数据的优化低维描述和优化低维判别的目的。

本章将介绍对已有的高维数据进行降维的方法。降维方法从直观上来分析，都可以看作是对数据集合进行的一种保持其内在属性的变换，根据降维映射函数的特性，降维方法可以分为线性和非线性两类。另外，本章对现有的线性降维方法，如主成分分析 (principal component analysis, PCA)、线性判别分析 (linear discriminant analysis, LDA) 算法也会加以介绍与评估。

线性降维方法作为降维方法中最广泛使用的一类，具有许多优良的特性，如计算简便、计算速度快、经常具有解析解、对具有线性结构的数据集合非常有效、便于解释等。线性降维方法实际是在不同优化准则之下，寻求最佳线性模型的方法，这是线性降维方法的共性，也是与非线性降维方法的根本差异之所在，抓住了这一点有助于更好地理解线性降维的本质。

8.2 案例

通过有效利用机器学习算法可准确感知、预测、预警基础设施和社会安全运行的重大态势，及时把握群体认知及心理变化，主动决策反应，从而显著提高社会治理的能力和水平，对有效维护社会稳定具有不可替代的作用。在日常生活中，随着技术的发展，现代社会对于算法预测的准确度日渐提升，因此人们在各个领域都不得不面对许许多多的高维数据。高维数据不仅会造成维数诅咒问题，而且对可视化、数据分析、数据建模都会带来困难。于是为了解决高维数据带来的问题，研究学者通过研究和实验提出了不同的降维方法。

假设每幅图像的大小为 $m \times n$，通过行堆叠的方式可将人脸图像转化为 mn 维向量。如果采用多层感知器的神经网络来进行分类，那么各层权重的数目将是非常大的，需要充分大的训练集合来避免过拟合，在实际应用当中这通常是不可行的。因此，我们需要进行降维处理。一种最为简单的解决方案是将图像直接缩小到一个可以接受的程度。显然，这么做会丢失丰富的细节信息。怎样可以做到既可以对高维数据进行降维，而且不会丢失原始数据中的细节信息？更合适的办法是通过使用线性降维方法的降维处理，将原始数据维数降低，从而可大大简化识别或分类的过程，提高处理的精度。下面我们先通过介绍两种线性降维方法的原理，再通过使用降维技术来完成图像的降维工作。

8.3 主成分分析

主成分分析方法是一种使用最广泛的数据降维算法，这一方法利用正交变换把由线性相关变量表示的观测数据转换为少数几个由线性无关变量表示的数据，线性无关的变量称为主成分。主成分的个数通常小于原始变量的个数，所以主成分分析属于降维方法。主成分分析主要用于发现数据中的基本结构，即数据中变量之间的关系，是数据分析的有力工具，也用于其他机器学习方法的前处理。主成分分析属于多元统计分析的经典方法，首先由皮尔逊 (Pearson) 于 1901 年提出，但只是针对非随机变量，1933 年由霍特林 (Hotelling) 推广到随机变量。

主成分分析，顾名思义，就是找出数据里最主要的方面，用数据里最主要的方面来代替原始数据。主成分分析是利用降维的思想，在损失很少信息的前提下把多个指标转化为几个综合指标的方法。主成分可以理解为转化生成的综合指标，它主要有以下性质：

（1）每个主成分都是原始变量的线性组合。

（2）各个主成分之间互不相关。

（3）主成分保留了原始变量绝大多数信息。

（4）主成分的数目大大少于原始变量的数目。

通过主成分分析，可以从事物之间错综复杂的关系中找出一些主要成分，从而能有效利用大量统计数据进行定量分析，揭示变量之间的内在关系，得到对事物特征及其发展规律的一些深层次的启发，把研究工作引向深入。当一个变量只取一个数据时，这个变量（数据）提供的信息量是非常有限的；当这个变量取一系列不同数据时，我们可以从中读出最大值、最小值、平均数等信息。变量的变异性越大，说明它对各种场景的“遍历性”越强，提供的信息就更加充分，信息量就越大。主成分分析中的信息，就是指标的变异性，用标准差或方差来表示。

PCA 追求的是在降维之后能够最大化保持数据的内在信息，并通过衡量在投影方向上的数据方差的大小来衡量该方向的重要性。但是这样投影以后对数据的区分作用并不大，反而可能使得数据点揉杂在一起无法区分。这也是 PCA 存在的最大一个问题，这导致使用 PCA 在很多情况下的分类效果并不好。具体如图 8.1 所示，图中为一个典型的例子，假如我们要对一系列人的样本进行数据降维 (每个样本包含身高、体重两个维度)，我们既可以降维到第一主成分轴，也可以降维到第二主成分轴。哪个主成分轴更优呢？从直观感觉上，我们会认为第一主成分轴优于第二主成分轴，因为它比较大程度地保留了数据之间的区分性 (保留大部分信息)。对 PCA 算法而言，我们希望找到小于原数据维度的若干个投影坐标方向，把数据投影在这些方向，获得压缩的信息表示。

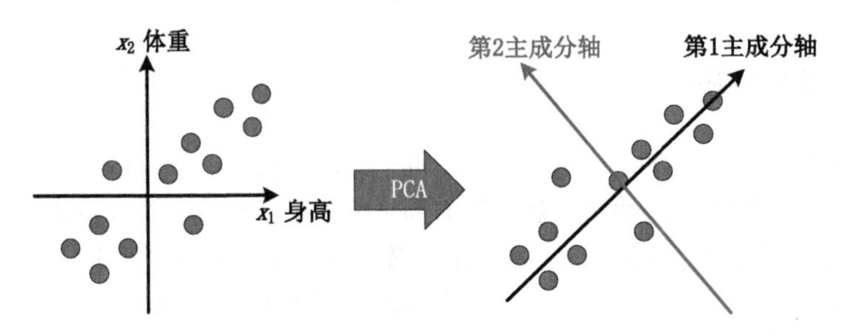

图 8.1 PCA 示例

因此通过上述介绍，对于正交属性空间中的样本点，如何用一个超平面对所有样本进行恰当的表达显得尤为重要。容易想到，若存在这样的超平面，那么它大概应具有以下性质。

（1）最近重构性：样本点到这个超平面的距离都足够近。

（2）最大可分性：样本点在这个超平面上的投影能尽可能分开。

有趣的是，基于最近重构性和最大可分性，能分别得到主成分分析的两种等价推导，两种推导都可以得到相同的目标函数。我们从最大可分性出发，若所有样本点的投影能尽可能分开，则应该使得投影后样本点的方差最大化。

欲获得低维子空间，最简单的是对原始高维空间进行线性变换。对于 d 维样本数据 $\boldsymbol{x} \in \mathbb{R}^d$，其 n 次观察 (或样本) 分别为 $\boldsymbol{x}_1, \boldsymbol{x}_2, \cdots, \boldsymbol{x}_n$，需要寻找线性变换 $\boldsymbol{W} = [\boldsymbol{w}_1, \boldsymbol{w}_2, \cdots, \boldsymbol{w}_r] \in \mathbb{R}^{d\times r}$，使得 $\boldsymbol{x}$ 的低维表示 $\boldsymbol{z} \in \mathbb{R}^r$ $(r \ll d)$ 为:

$$z = \boldsymbol{W}^{\mathrm{T}}\boldsymbol{x} = [\boldsymbol{w}_1, \boldsymbol{w}_2, \cdots, \boldsymbol{w}_r]^{\mathrm{T}}\boldsymbol{x} \tag{8.3.1}$$

即

$$\begin{pmatrix} z_1 \\ z_2 \\ \vdots \\ z_r \end{pmatrix} = \begin{pmatrix} w_{11} & w_{12} & \cdots & w_{1d} \\ w_{21} & w_{22} & \cdots & w_{2d} \\ \vdots & \vdots & \vdots & \vdots \\ w_{r1} & w_{r2} & \cdots & w_{rd} \end{pmatrix} \begin{pmatrix} x_1 \\ x_2 \\ \vdots \\ x_d \end{pmatrix} \tag{8.3.2}$$

线性变换 $\boldsymbol{W} = [\boldsymbol{w}_1, \boldsymbol{w}_2, \cdots, \boldsymbol{w}_r] \in \mathbb{R}^{d\times r}$，使得 $\boldsymbol{x}$ 的低维表示 $\boldsymbol{z} \in \mathbb{R}^r$ $(r \ll d)$ 为:

$$\boldsymbol{z} = \boldsymbol{W}^{\mathrm{T}}\boldsymbol{x} = [\boldsymbol{w}_1, \boldsymbol{w}_2, \cdots, \boldsymbol{w}_r]^{\mathrm{T}}\boldsymbol{x} \tag{8.3.3}$$

$$\begin{pmatrix} z_1 \\ \vdots \\ z_r \end{pmatrix} = \begin{pmatrix} \boldsymbol{w}_1^{\mathrm{T}}\boldsymbol{x} \\ \vdots \\ \boldsymbol{w}_r^{\mathrm{T}}\boldsymbol{x} \end{pmatrix} \tag{8.3.4}$$

由于可以任意地对原始变量进行上述线性变换，由不同的线性变换得到的综合变量 $\boldsymbol{z}$ 的统计特性也不尽相同。因此为了取得较好的效果，我们总是希望 $z_i = \boldsymbol{w}_i^T\boldsymbol{x}$ 的方差尽可能大且各 z_i 之间互相独立。

由于

$$\mathrm{Var}(z_i) = \mathrm{Var}(\boldsymbol{w}_i^{\mathrm{T}}\boldsymbol{x}) = \boldsymbol{w}_i^{\mathrm{T}}\mathrm{Var}(\boldsymbol{x})\boldsymbol{w}_i = \boldsymbol{w}_i^{\mathrm{T}}\Sigma\boldsymbol{w}_i \tag{8.3.5}$$

而对任给的常数 c，有

$$\mathrm{Var}(c\boldsymbol{w}_i^{\mathrm{T}}\boldsymbol{x}) = c\boldsymbol{w}_i^{\mathrm{T}}\mathrm{Var}(\boldsymbol{x})\boldsymbol{w}_i c = c^2\boldsymbol{w}_i^{\mathrm{T}}\Sigma\boldsymbol{w}_i \tag{8.3.6}$$

故对 $\boldsymbol{w}_i$ 不加限制时，可使 $\mathrm{Var}(w)_i$ 任意增大，问题将变得没有意义。因此，我们将线性变换约束在下面的原则之下:

（1）$\boldsymbol{w}_i^{\mathrm{T}}\boldsymbol{w}_i = 1(i = 1, 2, \cdots, r)$。

（2）$\boldsymbol{w}_i$ 与 $\boldsymbol{w}_j$ 互相无关 $(i, j = 1, 2, \cdots, r)$。

（3）z_1 是 $x_1, x_2, \cdots, x_d$ 的一切满足原则 1 的线性组合中方差最大者; z_2 是与 z_1 不相关的 $x_1, x_2, \cdots, x_d$ 所有线性组合中方差最大者; $\cdots$; z_r 是与 $z_1, z_2, \cdots, z_{r-1}$ 都不相关的 $x_1, x_2, \cdots, x_d$ 的所有线性组合中方差最大者。

基于以上 3 条原则决定的综合变量 $z_1, z_2, \cdots, z_r$ 分别称为原始变量的第 1、第 2、$\cdots$ 、第 r 个主成分。各综合变量在总方差中占的比重依次递减。在实际研究工作中，通常只挑选前几个方差最大的主成分，从而达到简化系统结构，抓住问题实质的目的。

因此，主成分分析目标函数为：

$$\arg\max_{w} w^{\mathrm{T}}\Sigma w, \quad \text{s.t.} w^{\mathrm{T}}w = 1 \tag{8.3.7}$$

利用条件极值进行求解得 w，若一个变换向量 w 不满足，则求取第二个 w_2，按照不相关的要求，则需要满足 $Cov(w_2, w)$，依次可求得最终变换矩阵 $W = [w_1, w_2, \cdots, w_r]$。为了对公式 (8.3.7) 进行求解，利用拉格朗日乘子法，转化为无约束优化问题

$$\arg\max_{w} w^{\mathrm{T}}\Sigma w + \lambda(1 - w^{\mathrm{T}}w) \tag{8.3.8}$$

上式对 w 求偏导且令其等于 0，可得：

$$\Sigma w - \lambda w = 0 \tag{8.3.9}$$

显然，λ 是 Σ 的特征值，而 w 是与 λ 相对应 Σ 的单位特征向量。

因此，式 (8.3.7) 的解就是 Σ 的最大特征值 λ_1 对应特征向量 ξ_1，此时的目标函数的最大值为 $\xi_1^{\mathrm{T}}\Sigma\xi_1 = \lambda_1$。若要求第 2 个，就是 Σ 的第 2 大特征值 λ 对应特征向量 ξ_2；求 r 个，就是 Σ 的前 r 最大特征值 λ_i 分别对应特征向量 ξ_i，变换矩阵 $W = [w_1, w_2, \cdots, w_r] = [\xi_1, \xi_2, \cdots, \xi_r]$。

PCA 中的参数 r 可以通过以下步骤进行确定。首先获得第 k 个主成分的贡献率：

$$\alpha_k = \frac{\lambda_k}{\lambda_1 + \lambda_2 + \cdots + \lambda_d} \quad (i = 1, 2, \cdots, d) \tag{8.3.10}$$

接着求出前 r 个主成分的累积贡献率：

$$\frac{\lambda_1 + \lambda_2 + \cdots + \lambda_r}{\lambda_1 + \lambda_2 + \cdots + \lambda_r + \cdots + \lambda_d} \quad (r = 1, 2, \cdots, d) \tag{8.3.11}$$

最后指定一个降维到的主成分比重阈值 t，给定 $t = 95\%$ 可得：

$$r = \arg\min_{r} \frac{\lambda_1 + \lambda_2 + \cdots + \lambda_r}{\lambda_1 + \lambda_2 + \cdots + \lambda_d} \geqslant t \quad (r = 1, 2, \cdots, d) \tag{8.3.12}$$

主成分分析具体的算法流程如表 8.1 所示。

表 8.1 主成分分析 (PCA)

输入: 给定 n 个样本：$x_1, x_2, \cdots, x_n \in \mathbb{R}^d$
输出: 降维后的样本
1. 计算样本均值 $\bar{x} = \frac{1}{n}\sum_{i=1}^{n} x_i$
2. 由于协方差矩阵 Σ 是未知的，计算样本协方差矩阵 $S = \frac{1}{n-1}\sum_{i=1}^{n}(x_i - \bar{x})(x_i - \bar{x})^{\mathrm{T}}$
3. 计算 S 的特征值 $\lambda_1 \geqslant \lambda_2 \geqslant \cdots \geqslant \lambda_d$ 和对应特征向量 $\xi_1, \xi_2, \cdots, \xi_d$
4. 选取前 r 个特征值对应特征向量构成变换矩阵 $W_{d\times r} = [w_1, w_2, \cdots, w_r] = [\xi_1, \xi_2, \cdots, \xi_r]$
5. 对 n 个样本进行投影，即 $W^{\mathrm{T}}x_1, W^{\mathrm{T}}x_2, \cdots, W^{\mathrm{T}}x_n \in \mathbb{R}^r$

8.4　线性判别分析

在应用统计方法解决模式识别问题时一再遇到的问题之一就是维数问题。在低维空间里的解析或计算上行得通的方法在高维空间里往往行不通。因此降低维数有时就成为处理实际问题的关键。

我们可以考虑把 d 维空间的样本投影到一条直线上，形成一维空间，即把维数压缩到一堆。这在数学上总是容易办到的。然而即使样本在 d 维空间里形成若干紧凑的互相分得开的集群，并被投影到一条任意的直线上也可能使几类样本混在一起而变得无法识别。但在一般情况下总可以找到某个方向使在这个方向的直线上的样本投影能分开得最好。问题是如何根据实际情况找到这条最好的、最易于分类的投影线。这就是线性判别分析要解决的基本问题。

线性判别分析 (linear discriminant analysis, LDA) 是一种监督学习的降维技术，也就是说它的数据集的每个样本是有类别输出的。LDA 的思想可以用一句话概括，就是“投影后类内方差最小，类间方差最大”。即要将数据在低维度上进行投影，投影后希望每一种类别数据的投影点尽可能接近，而不同类别的数据的类别中心之间的距离尽可能大。

如图 8.2 所示，假设我们有两类数据，分别为方框和圆框中的数据，这些数据特征是二维的，我们希望将这些数据投影到一维的一条直线，让每一种类别数据的投影点尽可能接近，而方框和圆框中的数据中心之间的距离尽可能大。图中提供了两种投影方式，可直观看出，右图要比左图的投影效果好，因为右图的圆框中的数据和方框中的数据较为集中，且类别之间的距离明显。左图则在边界处数据混杂。以上就是 LDA 的主要思想。在实际应用中，我们的数据是多个类别的，我们的原始数据一般也是超过二维的，投影后的也一般不是直线，而是一个低维的超平面。

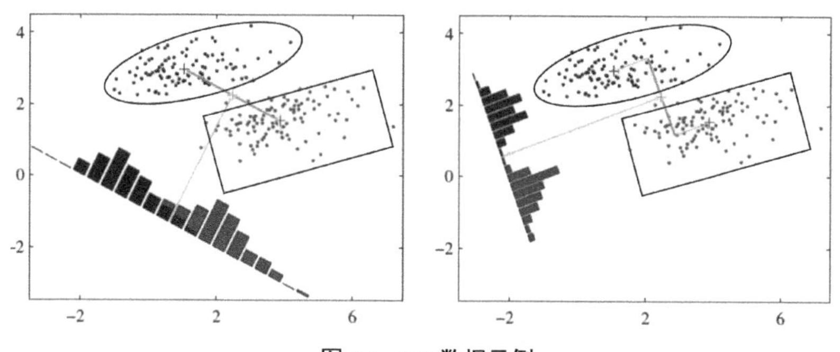

图 8.2　LDA 数据示例

设 d 维空间内共有 n 个训练样本 $\boldsymbol{X}=\{x_{ij}\}$，分为 c 类，n_i 为第 i 类样本数目，其中 $i=1,\cdots,c$，$j=1,\cdots,n_i$。x_{ij} 为第 i 类的第 j 个样本，$\boldsymbol{X}_i$ 为第 i 类样本集。

第 i 类的样本均值向量 $\boldsymbol{m}_i$：

$$\boldsymbol{m}_i=\frac{1}{n_i}\sum_{j=1}^{n_i}x_{ij} \tag{8.4.1}$$

总体样本均值向量 $\boldsymbol{m}$：

$$\boldsymbol{m}=\frac{1}{n}\sum_{i=1}^{n}x_{ij} \tag{8.4.2}$$

样本类内离散度矩阵 $\boldsymbol{S}_i$ 和总类内离散度矩阵 $\boldsymbol{S}_w$ 为：

$$\boldsymbol{S}_i=\frac{1}{n_i}\sum_{x_{ij}\in\boldsymbol{X}_i}\left(x_{ij}-\boldsymbol{m}_i\right)\left(x_{ij}-\boldsymbol{m}_i\right)^{\mathrm{T}},(i=1,\cdots,c) \tag{8.4.3}$$

$$\boldsymbol{S}_w=\sum_{i=1}^{c}\boldsymbol{P}_i\boldsymbol{S}_i=\frac{1}{n}\sum_{i=1}^{c}\sum_{x_{kl}\in\boldsymbol{X}_i}(x_{kl}-\boldsymbol{m}_i)(x_{kl}-\boldsymbol{m}_i)^{\mathrm{T}} \tag{8.4.4}$$

反映了各分量到各类中心的平均平方距离，其秩不大于 $n-c$ 。

样本的类间离散度矩阵 $\boldsymbol{S}_b$:

$$\boldsymbol{S}_b=\frac{1}{n}\sum_{i=1}^{c}n_i(\boldsymbol{m}_i-\boldsymbol{m})(\boldsymbol{m}_i-\boldsymbol{m})^{\mathrm{T}} \tag{8.4.5}$$

反映了各类中心到总体中心的平均平方距离, 其秩不大于 $c-1$ 。

总的散度矩阵(协方差矩阵) $\boldsymbol{S}_t$：

$$\begin{aligned}\boldsymbol{S}_t&=\frac{1}{n}\sum_{i=1}^{c}\sum_{j=1}^{n_i}\left(x_{ij}-\boldsymbol{m}\right)\left(x_{ij}-\boldsymbol{m}\right)^{\mathrm{T}}\\&=\frac{1}{n}\sum_{i=1}^{c}\sum_{j=1}^{n_i}\left(x_{ij}-\boldsymbol{m}_i+\boldsymbol{m}_i-\boldsymbol{m}\right)\left(x_{ij}-\boldsymbol{m}_i+\boldsymbol{m}_i-\boldsymbol{m}\right)^{\mathrm{T}}\\&=\frac{1}{n}\sum_{i=1}^{c}\sum_{j=1}^{n_i}\left(x_{ij}-\boldsymbol{m}_i\right)\left(x_{ij}-\boldsymbol{m}_i\right)^{T}+\frac{1}{n}\sum_{i=1}^{c}\sum_{j=1}^{n_i}(\boldsymbol{m}_i-\boldsymbol{m})(\boldsymbol{m}_i-\boldsymbol{m})^{\mathrm{T}}\\&=\boldsymbol{S}_w+\boldsymbol{S}_b\end{aligned} \tag{8.4.6}$$

反映了各分量总的平均方差，其秩不大于 $n-1$。

线性判别分析的目的是找一个最优的鉴别向量集 $\boldsymbol{W}$，$\boldsymbol{W}=\{\boldsymbol{w}_1,\cdots,\boldsymbol{w}_k\}$, 它的每一个列向量就是一个鉴别方向。将样本数据投影到这些方向上，使得映射后的类间离散度矩阵和类内离散度矩阵的比值最大。

线性判别分析目标函数定义为：

$$J(w)=\arg\max_{w}\frac{\left|\boldsymbol{w}^{\mathrm{T}}\boldsymbol{S}_b\boldsymbol{w}\right|}{\left|\boldsymbol{w}^{\mathrm{T}}\boldsymbol{S}_w\boldsymbol{w}\right|} \tag{8.4.7}$$

其中 $\boldsymbol{S}_b$, $\boldsymbol{S}_w$ 分别是训练样本的总的类间散度矩阵和总的类内散度矩阵。式 (8.4.7) 中的 $J(\boldsymbol{w})$ 是广义的 Rayleigh 熵, 可以用 Lagrange 乘子法求解，令分母等于非零常数，即令 $\boldsymbol{w}^{\mathrm{T}}\boldsymbol{S}_w\boldsymbol{w}=C\neq0$, 定义 Lagrange 函数为：

$$L(w,\lambda)=\boldsymbol{w}^{\mathrm{T}}S_b\boldsymbol{w}-\lambda\left(\boldsymbol{w}^{\mathrm{T}}\boldsymbol{S}_w\boldsymbol{w}-C\right) \tag{8.4.8}$$

式中，λ 为 Lagrange 乘子。将上式对 $\boldsymbol{w}$ 求偏导，得

$$\frac{\partial L(\boldsymbol{w},\lambda)}{\partial \boldsymbol{w}} = \boldsymbol{S}_b\boldsymbol{w} - \lambda\boldsymbol{S}_w\boldsymbol{w} \tag{8.4.9}$$

令其偏导数为零，得 $\boldsymbol{S}_b\boldsymbol{w}^* - \lambda\boldsymbol{S}_w\boldsymbol{w}^* = 0$，即

$$\boldsymbol{S}_b\boldsymbol{w}^* = \lambda\boldsymbol{S}_w\boldsymbol{w}^* \tag{8.4.10}$$

其中 $\boldsymbol{w}^*$ 即为 $J(\boldsymbol{w})$ 取得最大值时的 $\boldsymbol{w}$ 。在 $\boldsymbol{S}_w$ 非奇异的时候，上式两边乘以 $\boldsymbol{S}_w{}^{-1}$，可得

$$\boldsymbol{S}_w^{-1}\boldsymbol{S}_b\boldsymbol{w}^* = \lambda\boldsymbol{w}^* \tag{8.4.11}$$

求解此式即为求解一般矩阵 $S_w{}^{-1}S_b$ 的特征值问题。

综上所述，当 $\boldsymbol{S}_w$ 非奇异时，在数学上，求解式 (8.4.7) 就等同于求解 $\boldsymbol{S}_w{}^{-1}\boldsymbol{S}_b$ 的特征值问题。对应矩阵 $\boldsymbol{S}_w{}^{-1}\boldsymbol{S}_b$ 的最大 k 个特征值的特征向量即为对应于线性的鉴别向量 $\boldsymbol{W}$。线性判别分析的算法流程如表 8.2 所示。

表 8.2　线性判别分析 (LDA)

输入: 数据集 $\boldsymbol{D} = \{(x_1,y_1),(x_2,y_2),\cdots,(x_m,y_m)\}$，其中任意样本 x_i 为 n 维向量，$y_i \in \{C_1,C_2,\ldots,C_k\}$，降维后的维度 d
输出: 降维后的样本集 $\boldsymbol{D}'$
1. 计算类内散度矩阵 $\boldsymbol{S}_W$
2. 计算类间散度矩阵 $\boldsymbol{S}_B$
3. 计算 $\boldsymbol{S}_W^{-1}\boldsymbol{S}_B$ 的最大的 d 个特征值和对应的 d 个特征向量 $(\boldsymbol{w}_1,\boldsymbol{w}_2,\ldots\boldsymbol{w}_d)$，得到投影矩阵 $\boldsymbol{W}$
4. 对样本集中的每一个样本特征 x_i 转化为新的样本 $z_i = \boldsymbol{W}^T x_i$
5. 得到输出样本集 $\boldsymbol{D}' = \{(z_1,y_1),(z_2,y_2),\cdots,(z_m,y_m)\}$

8.5　案例求解

8.5.1　分析问题

人脸图像数据的维数过高，处理起来耗时又费力，所以人们想到能不能只处理部分维数，并且得到的结果与全部维数的结果一致。因此可以通过使用 PCA 降维算法和 LDA 降维算法对原始人脸图像进行处理，不仅使数据规模更小，而且可以确保降维后的数据尽可能相互独立。

本节 PCA 降维实验使用 Sklearn 自带数据集 fetch-lfw-people，fetch-lfw-people 人脸识别数据集是由 7 个人的图像组成的数据集，如图 8.3 所示，图中展示了 fetch-lfw-people 数据集中的部分数据。这些图像拍摄于不同时间、不同角度、呈现不同表情等，数据量较大，并且包含了很多特征。具体来说，数据集包含 1349 张图像，数据特征有 2914 个。LDA 降维算法实验使用奥利维蒂研究实验室人脸

数据集 (Olivetti Research Laboratory, ORL)，ORL 人脸数据集共包含 40 个不同人的 400 张图像，是在 1992 年 4 月至 1994 年 4 月由英国剑桥的 Olivetti 研究实验室创建。数据集下每个不同的人有 10 张图像，每个人的图像都是在不同的时间、不同的光照、不同的面部表情 (睁眼/闭眼，微笑/不微笑) 和面部细节 (戴眼镜/不戴眼镜) 环境下采集的。所有的图像是在较暗的均匀背景下拍摄的，拍摄的是正脸 (有些带有略微的侧偏)。根据问题所述，如果采用神经网络来进行识别或分类任务，各层权重的数目过大，在现实中不可行。因此，我们需要对人脸图像进行降维处理。

本节我们将使用 PCA 和 LDA 算法，在不丢失原始数据中重要信息的同时，将高维数据进行降维处理。ORL 人脸数据集输入特征有 1024 个，图片个数为 400 张，通过利用 LDA 算法，我们将维度降低为 64 来达到降维目标，fetch-lfw-people 人脸识别数据集输入数据特征有 2914 个，每张图像的大小为 62 像素 ×47 像素，图片个数为 1349 张，我们试着将维度降低为 150，并通过可视化观察降维前后图片的变化，以发现 PCA 降维对数据集的影响。

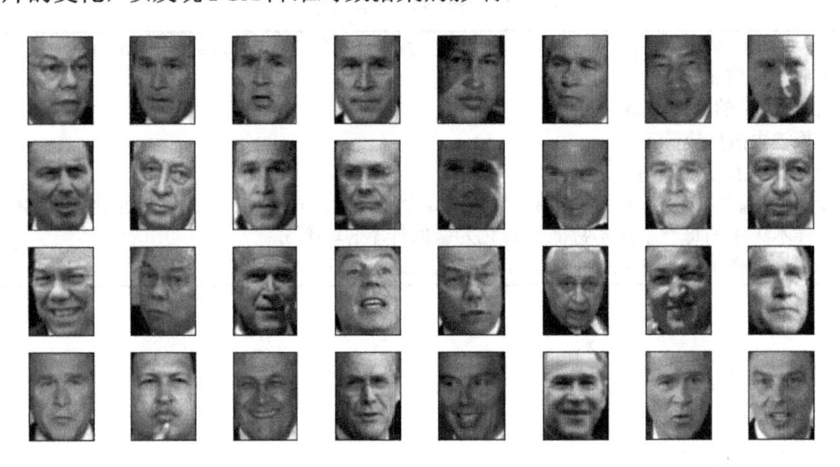

图 8.3 原始数据示例

8.5.2 建立模型

1. PCA 降维

首先我们要导入模型所需要的相关库，数据集用到的是 fetch-lfw-people，降维算法选择 PCA。

```
from sklearn.datasets import fetch_lfw_people
from sklearn.decomposition import PCA
```

```
import matplotlib.pyplot as plt
import pylab
```

其次我们要加载数据集，并显示出原始数据集的特征维度，以便在将数据集降维后可以对维度进行对比。

```
faces=fetch_lfw_people(min_faces_per_person=60)
print(faces.images.shape)
print(faces.data.shape)
x=faces.data
```

执行上面的第二行程序，python 会从网上自动下载数据集，这个数据集大概为 200M。$min\_faces\_per\_person = 60$ 的意思是每个人至少选取 60 张图像，$print(faces.data.shape)$ 结果为 (1348, 2914)，表示有 1349 张图像，数据特征有 2914 个，$print(faces.images.shape)$ 的结果为 (1348, 62, 47)，表示有 1349 张图像，每张图像大小为 62 像素 ×47 像素。最后将 faces.data 数据存为 x。

由于人脸识别数据集有 2914 个特征，过于庞大，在这里我们使用 PCA 进行降维，设置降维后维度为 150。

```
pca=PCA(150).fit(x)
x_dr=pca.transform(x)
x_dr.shape
print(x_dr.shape)
```

观察降维后数据结构为 (1348, 150)，即数据集从 (1348, 2914) 降为 (1348, 150)。

2. **LDA 降维**

和 PCA 处理数据的步骤一样，首先我们要导入模型所需要的相关库，数据集用到的是 ORL，降维算法选择 LDA。

```
import numpy as np
import scipy.io as sio
import matplotlib.pyplot as plt
```

其次加载数据集，使用 scipy 读取 mat 文件，alls 为数据的特征矩阵，gnd 为数据集的标签。

```
file = 'ORL_Dataset/ORL_32_32.mat'
data = sio.loadmat(file)
```

```
img_data = np.matrix(np.float64(data['alls'].T))
label = np.matrix(data['gnd'])
print(img_data.shape)
```

print(img_data.shape) 结果为 (400, 1024)，表示有 400 张图像，数据特征有 1024 个。接下来我们就需要使用到 LDA 算法对数据集进行降维处理，根据 LDA 理论推理部分，先要计算特征均值，计算每类的均值，并返回一个向量。

```
def class_mean(data,label,clusters):
    mean_vectors = []
    data = np.asarray(data)
    for cl in range(1,clusters+1):
        mean_vectors.append(np.mean(data[label == cl, :],
            axis=0).tolist())
    return np.array(mean_vectors)
```

得到特征均值后，我们需要计算类内散度和类间散度。

```
def within_class_SW(data,label,clusters):
    m = data.shape[1]
    S_W = np.zeros((m,m))
    mean_vectors = class_mean(data, label, clusters)
    for cl, mv in zip(range(1,clusters+1),mean_vectors):
        class_sc_mat = np.zeros((m,m))
        mv = mv.reshape(len(mv), 1)
        for row in data[label == cl]:
            row = row.T
            class_sc_mat += (row-mv).dot((row-mv).T)
        S_W +=class_sc_mat
    return S_W
def between_class_SB(data,label,clusters):
    m = data.shape[1]
    all_mean =np.mean(data,axis = 0).T
    S_B = np.zeros((m,m))
    mean_vectors = class_mean(data,label,clusters)
    for cl ,mean_vec in enumerate(mean_vectors):
```

```
        n = data[label == cl+1, :].shape[0]
        mean_vec = mean_vec.reshape(data.shape[1],1)
        S_B += n * (mean_vec - all_mean).dot((mean_vec - all_mean).T)
    return S_B
```

最后，也是最关键的一步，进行 LDA 处理，输入数据集和标签以及需要降维的维度，输出降维后的数据矩阵。

```
def lda(data, label, k):
    clusters = len(set(label.tolist()[0]))
    S_W = within_class_SW(data,np.array(label.tolist()[0]),clusters)
    S_B = between_class_SB(data,np.array(label.tolist()[0]),clusters)
    eig_vals, eig_vecs = np.linalg.eig(np.linalg.inv(S_W).dot(S_B))
    for i in range(len(eig_vals)):
        eigvec_sc = eig_vecs[:, i]
    eig_pairs = [(np.abs(eig_vals[i]), eig_vecs[:,i]) for i in
        range(len(eig_vals))]
    eig_pairs = sorted(eig_pairs, key=lambda k: k[0], reverse=True)
    W = np.hstack([eig_pairs[i][1].reshape(data.shape[1],1) for i in
        range(k)])
    print(data.shape)
    G = data * W
    print(G.shape)
    return np.real(data * W)
```

观察降维后数据结构为 (400, 64)，即数据集从 (400, 1024) 降到了 (400, 64)。

8.5.3　结果展示

我们的目的是通过利用降维技术在降低高维数据的维度的同时保留原始数据的重要信息，因此在人脸数据集的基础上，可以通过可视化展示数据通过 PCA 降维算法处理后是否可以满足我们的需求。

首先我们设置坐标轴为空，绘制 4 行 8 列的子图展示原始数据集的图像。

```
fig,axes=plt.subplots(4,8,figsize=[10,5],subplot_kw={"xticks":[],
"yticks":[]}) for i,ax in enumerate(axes.flat):
    ax.imshow(faces.data[i,:].reshape(62,47),cmap='gray')
```

```
pylab.show()
```

其次，我们通过逆转还原新特征矩阵，可以观察到由降维后再通过 *inverse_transform* 转换回原维度的数据画出的图像和原数据画的图像大致相似，降维后的数据如图 8.4 所示。

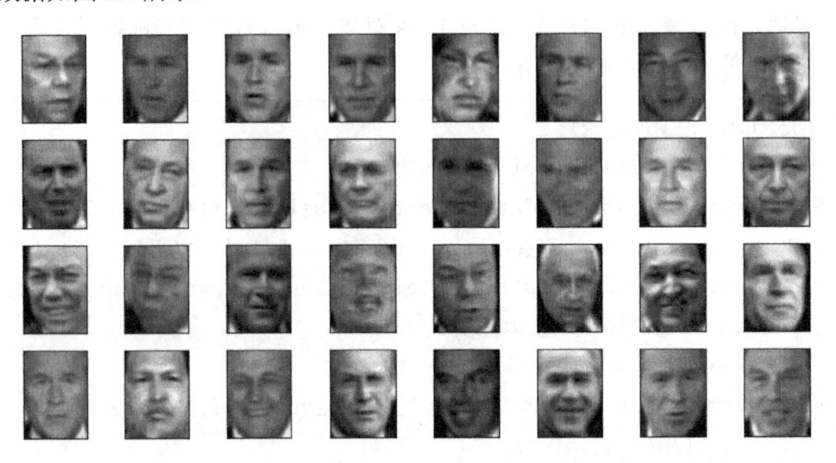

图 8.4 降维数据示例

```
x_inverse=pca.inverse_transform(x_dr)
fig,axes=plt.subplots(4,8,figsize=[10,5],subplot_kw={"xticks":[],
"yticks":[]})
for i,ax in enumerate(axes.flat):
    ax.imshow(x_inverse[i,:].reshape(62,47),cmap='gray')
pylab.show()
```

通过观察图 8.3 和图 8.4 的人脸图像可以看出原始数据的图像明显更加清晰。这是因为在降维的时候，部分信息已经被舍弃了，*x_dr* 中往往不会包含原数据 100% 的信息，所以在逆转的时候，即便维度升高，原数据中已经被舍弃的信息也不可能再回来了。所以，降维不是完全可逆的。但同时，我们也可以看出，降维到 150 以后的数据，的确保留了原数据的大部分信息，所以图像看起来，才会和原数据高度相似，只是稍微模糊。

8.6　本章小结

本章介绍了数据降维的定义及在处理实际数据过程中的必要性、可行性。针对数据降维问题，传统方法是假设数据具有低维的线性分布，代表性方法是主成分分析 (PCA) 和线性判别分析 (LDA)。PCA 算法是一种无监督学习方法，算法简单，但存在下述缺点：计算复杂度高，协方差矩阵的大小与数据点的维数成正比，导致了计算高维数据的特征向量是不可行的。LDA 算法是一种有监督学习方法，可以用于分类工作，但对于样本维数大于样本数的奇异值问题很敏感。数据降维的应用广泛，例如人脸识别、多元统计分析等领域。在处理实际问题当中，数据降维方法具有简单、易解释、执行速度快等优点，从而使线性降维成为高维数据处理的一个主要研究方向，同时也成为处理实际问题的主要手段。

8.7　习题

（1）通过使用 PCA 算法将下列二维数据降维为 1 维。

$$N = \begin{bmatrix} 2 & -1 & 0 & 0 & -1 \\ 1 & -2 & 1 & 0 & 0 \end{bmatrix}$$

（2）了解 PCA 和 LDA 算法并分析两者的异同。

（3）利用 LDA 计算如下数据集投影后的数据。

$$x = \begin{bmatrix} 1 & 2 & 0 \\ 3 & 1 & 0 \\ -2 & -2 & 1 \\ -3 & -1 & 1 \end{bmatrix}$$

其中每一行为一个样本，第一、第二列为属性，最后一列表示类别。

（4）PCA 算法为什么要用协方差矩阵的特征向量矩阵来做投影矩阵？

（5）若类内散度矩阵为奇异矩阵 LDA 应该怎样处理？

（6）通过学习 PCA 和 LDA 分析二者的优缺点。

第9章　深度卷积网络

深度学习在解决诸如图像目标识别、语音识别和自然语言处理等很多问题方面都表现出色。在各种类型的神经网络当中，卷积神经网络是得到最深入研究的。早期由于缺乏训练数据和计算能力，要在不产生过拟合的情况下训练出高性能卷积神经网络是很困难的。ImageNet 这样的大规模标记数据的出现和 GPU 计算性能的快速提高，使得对卷积神经网络的研究迅速井喷。本章结合具体的案例来介绍卷积网络中的代表模型 AlexNet、ResNet 以及 ShuffleNet。

9.1　引言

20 世纪 90年代，杨立昆 (Yann LeCun) 等人发表论文，确立了卷积神经网络 (CNN) 的现代结构，后来又进行了完善。他们设计了一种多层的人工神经网络，取名为 LeNet-5，可以对手写数字做分类。和其他神经网络一样，LeNet-5 也能使用反向传播算法 (back-propagation，BP) 训练。

CNN 能够得出原始图像的有效表征，这使得 CNN 能够直接从原始像素中，经过极少的预处理，识别出视觉上的规律。然而，由于当时缺乏大规模训练数据，计算机的计算能力也跟不上，LeNet-5 对于复杂问题的处理结果并不理想。之后，人们设计了很多方法来克服训练深度 CNN 的困难。其中，最著名的是 Krizhevsky 等人提出了一个经典的 CNN 结构，并在图像识别任务上取得了重大突破。其方法的整体框架叫作 AlexNet，与 LeNet-5 类似，但层次结构上要更加深一些。同时使用了非线性激活函数 ReLU 与 Dropout 方法，取得了卓越的效果。

AlexNet 的大获成功，掀起了卷积神经网络的研究热潮。在这之后，研究人员又提出了其他改善方法，其中最著名的要数 ZFNet、VGGNet、GoogleNet 和 ResNet 这 4 种。从结构看，CNN 发展的一个方向就是层数变得更多，ILSVRC 2015 冠军 ResNet 是 AlexNet 深度的 20 多倍，是 VGGNet 的 8 倍多。通过增加深度，网络便能够利用增加的非线性得出目标函数的近似结构，同时得出更好的特性表征。值得一提的是，ResNet 作为世界上第一个超过百层的深度神经网络，完成 ResNet 这项研究的团队仅有 4 人，且全部由中国人组成：2 人为微软亚洲研究院研究员孙剑与何恺明，另外 2 人为实习生，分别是来自西安交通大学的张祥雨和中国科学技术大学的任少卿。其中孙剑博士作为全球计算机视觉领域极具影响力的学者之一，在人工智能计算机视觉及深度学习领域做出了杰出的贡献。他的研究成果极大地推动了人工智能技术的发展和应用。自 2002 年以来，孙剑博士在 CVPR、ICCV、ECCV、SIGGRAPH、PAMI 5 个顶级学术会议和期刊上发表学术论文 100 余篇，Google Scholar 引用数超过 28 万次，两次获得 CVPR Best Paper Award (2009，2016)。2016 年 7 月，孙剑博士加入旷视研究院，任首席科学家、旷视研究院院长。在孙剑博士的带领下，旷视研究院从十几人的小团队发展成为行业领先的计算机视觉研究院，研发了移动端高效卷积神经网络 ShuffleNet、开源深度学习框架旷视天元 MegEngine、AI 生产力平台 Brain++ 等多项创新技术，引领前沿人工智能应用。

9.2　案例

近年来，随着我国经济的快速发展，国家各项建设都蒸蒸日上，成绩显著。但与此同时，资源与环境也受到了严重破坏。这种现象与垃圾分类投放时的不合理直接相关，而人们对于环境污染问题反映强烈却束手无策，这两者间的矛盾日益尖锐。人们日常生活中的垃圾主要包括有害垃圾、厨余垃圾、可回收垃圾以及其他垃圾四类，对不同类别的垃圾应采取不同分类方法，如果投放不当，可能会导致各种环境污染问题。合理地进行垃圾分类是有效进行垃圾处理、减少环境污染与资源再利用的关键举措，也是目前最合适、最有效的科学管理方式。而利用人工智能的方式将日常垃圾按类别处理、利用有效物质和能量、填埋无用垃圾等，既能够提高垃圾资源处理效率，又能缓解环境污染问题。

对垃圾进行分类是建立在图像识别的基础上的，因此本章通过设计一个简单的垃圾分类器，从理论和实践两方面对几个经典分类模型 (如 AlexNet、ResNet 和 ShuffleNet) 加以介绍。

9.3　图像分类模型

图像分类是计算机视觉领域的热门研究方向之一，也是实现物体检测、人脸识别、姿态估计等应用的重要基础，因此图像分类技术有很高的学术研究和科技应用价值。图像分类，即给定一幅输入图像，通过某种分类算法来判断该图像所属类别。基于深度学习的图像分类方法相比于传统的图像分类方法的关键优势在于，其能通过深层架构自动学习更多抽象层次的数据特征，无须针对特定的图像数据或分类方式设计具体的人工特征。

9.3.1 AlexNet

2012 年，Krizhevsky 与杰弗里·辛顿 (Geoffrey Hinton) 推出了 AlexNet，并在当年的 ILSVRC 比赛中以超过第二名 10.9 个百分点的绝对优势一举夺冠，首次证明了由计算机自动学习到的特征可以超越手工设计的特征，对计算机视觉的研究有着极其重要的意义，引起了许多学者对深度学习的研究。

AlexNet 的设计思路与 LeNet 非常类似，区别主要有以下几点：

（1）AlexNet 使用 ReLu 激活函数代替 Sigmoid。

（2）AlexNet 使用了 Dropout 训练技巧，LeNet 没有使用。

（3）AlexNet 引入了很多的图像增广技巧来缓解过拟合，如翻转、裁剪和光照变化等。

AlexNet 模型一共 8 层：5 个卷积层，3 个全连接。其模型结构如图 9.1 所示。

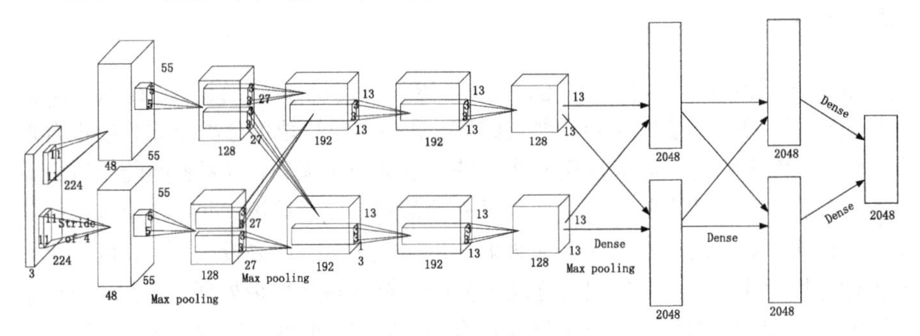

图 9.1 AlexNet 模型架构

从图 9.1 可以看到，AlexNet 网络包含两个分支。这是因为当时硬件条件有限，一块 GPU 显存不够，于是使用两块 GPU 分别训练，在最后的全连接层进行特征融合得到最终结果。

AlexNet 网络各层介绍如下。

输入层：接收大小为 224 像素 × 224 像素 的 3 通道图像，经过预处理变为 $227 \times 227 \times 3$。

第 1 层：卷积层 (卷积、池化)。

使用 96 个大小为 $11 \times 11 \times 3$ 的卷积核，分两组 (每组 48 个，步长为 4)，对输入层进行卷积运算，得到两组 $55 \times 55 \times 48$ 的卷积结果；

对卷积结果使用 ReLU 激活函数，得到激活结果；

对激活结果使用大小为 3×3、步长为 2 的最大池化，得到 $27 \times 27 \times 48$ 的池化结果；

对池化结果使用局部响应归一化操作，得到 $27 \times 27 \times 48$ 的归一化结果。

第 2 层：卷积层 (卷积、池化)。

使用 256 个大小为 $27\times27\times48$ 的卷积核，分两组 (每组 128 个，步长为 1)，对第 2 层的归一化结果进行卷积运算，得到两组 $27\times27\times128$ 的卷积结果；

对卷积结果使用 ReLU 激活函数，得到激活结果；

对两组 $27\times27\times128$ 的激活结果使用大小为 3×3、步长为 2 的最大池化，得到两组 $13\times13\times128$ 的池化结果；

对池化结果使用局部响应归一化操作，从而得到两组 $13\times13\times128$ 的归一化结果。

第 3 层：卷积层。

使用 384 个大小为 $13\times13\times256$ 的卷积核，分两组 (每组 192 个，步长为 1)，对上一层的归一化结果进行卷积运算，从而得到两组 $13\times13\times192$ 的卷积结果；

对卷积结果使用 ReLU 激活函数，得到激活结果。

第 4 层：卷积层。

使用 384 个大小为 $13\times13\times192$ 的卷积核，分两组 (每组 192 个，步长为 1)，对上一层的激活结果进行卷积运算，从而得到两组 $13\times13\times192$ 的卷积结果；

对卷积结果使用 ReLU 激活函数，得到激活结果。

第 5 层：卷积层 (卷积、池化)。

使用 256 个大小为 $13\times13\times192$ 的卷积核，分两组 (每组 128 个，步长为 1)，对上一层的激活结果进行卷积运算，从而得到两组 $13\times13\times128$ 的卷积结果；

对卷积结果使用 ReLU 激活函数，得到激活结果；

对激活结果，进行大小为 3×3，步长为 2 的最大池化，从而得到两组 $13\times13\times128$ 的池化结果。

第 6 层：全连接层。

使用 4096 个神经元分两组，对上一层的池化结果进行全连接处理；

对全连接结果使用 ReLU 激活函数；

对激活结果使用概率为 0.5 的 Dropout 操作，得到 Dropout 结果。

第 7 层：全连接层。

使用 4096 个神经元分两组，对上一层的池化结果进行全连接处理；

对全连接结果使用 ReLU 激活函数；

对激活结果使用概率为 0.5 的 Dropout 操作，得到 Dropout 结果。

第 8 层：输出层。

使用 Softmax 函数输出每个类别的概率。

9.3.2 ResNet

自 AlexNet 赢得了 2012 年的 ImageNet 图像分类竞赛的冠军，CNN 开始成为图像分类问题的核心算法模型，同时引发了神经网络的应用热潮。随着对神经网络的不断研究，卷积神经网络越来越深，网络拟合的能力越来越强，但网络达到一定深度后，网络更深反而训练误差变大，这是不合理的。通过简单地堆叠网络层深度并没有获得预期效果，反而使反向传播产生多个问题。反向传播的梯度计算是在上一层的基础上进行的，网络过深会导致梯度在多层反向传播时越来越小，最终导致梯度消失。因此网络层数过多，训练误差反而越大。

残差网络通过在标准的前馈神经网络上增加一个跳跃从而绕过一些层，实现快捷连接 (shortcut connection)，有效地缓解了梯度消失的问题。

9.3.2.1 高速路神经网络

残差网络 (ResNet) 的创新点在于引入了恒等快捷连接 (identity shortcut connection)，其设计理念受高速路神经网络 (highway network) 的启发。增加网络的深度可在一定程度上提高网络的性能，但网络超过一定的深度，模型训练难度增大，性能变差。Schmidhuber 教授根据自己在 1997 年构建的长短期记忆网络 (long short term memory network，LSTM) 中的门控机制设计了 highway network。LSTM 中的门结构负责控制某一单元的信息量，highway network 可通过类似 LSTM 中的门控单元调节网络中的信息流，学习原始信息应保留的比例。由于这种门控机制，神经网络可以获得一些路径，使得信息沿着这些路径可以流过几个层而没有衰减。这些路径被称为“information highways”，这样的网络为“highway networks”。

高速路神经网络的出现解决了深层神经网络难以训练的难题。一个普通的前馈神经网络通常由 l 层组成，其中第 i 层 ($i \in 1, 2, \cdots, l$) 的输入为 $\boldsymbol{X}$。卷积神经网络每层的激活函数均对输入 $\boldsymbol{X}$ 进行非线性映射变换，为了表述简单，忽略层索引和偏置，则输出与输入之间的关系为：

$$\boldsymbol{Y} = H(\boldsymbol{X}, \boldsymbol{W}_H) \tag{9.3.1}$$

其中，$H(\cdot)$ 为非线性变换，$\boldsymbol{W}_H$ 表示权重。高速路神经网络修改了每一层的激活函数，在此基础上允许保留一定的原始输入 $\boldsymbol{X}$，则式 (9.3.1) 变为：

$$\boldsymbol{Y} = H(\boldsymbol{X}, \boldsymbol{W}_H) \cdot T(\boldsymbol{X}, \boldsymbol{W}_T) + \boldsymbol{X} \cdot C(\boldsymbol{X}, \boldsymbol{W}_C) \tag{9.3.2}$$

其中，T 为变换门，C 为进位门，它们分别表示通过变换输入并携带输入产生多

少输出。令 $C = 1 - T$，则

$$\boldsymbol{Y} = H(\boldsymbol{X}, \boldsymbol{W}_H) \cdot T(\boldsymbol{X}, \boldsymbol{W}_T) + X \cdot [1 - T(\boldsymbol{X}, \boldsymbol{W}_T)] \tag{9.3.3}$$

改进后的网络层比原始网络层灵活了很多，针对特定情况，式 (9.3.2) 变为

$$\boldsymbol{Y} = \begin{cases} \boldsymbol{X}, & T(\boldsymbol{X}, \boldsymbol{W}_T) = 0 \\ H(\boldsymbol{X}, \boldsymbol{W}_H), & T(\boldsymbol{X}, \boldsymbol{W}_T) = 1 \end{cases} \tag{9.3.4}$$

一定比例的上一层信息可以直接到达下一层，该结构仿佛是一条信息高速公路，因此命名为高速路神经网络。可以发现当 $T = 0$ 时，输出 $\boldsymbol{Y}$ 与输入 $\boldsymbol{X}$ 为恒等映射 $\boldsymbol{Y} = \boldsymbol{X}$。

9.3.2.2　ResNet 模型结构

为了解决退化现象，残差网络 (ResNet) 引入了恒等快捷连接的核心思想，对于一个准确率已经接近饱和且较浅的神经网络，在后面加上几个恒等快捷映射 ($\boldsymbol{Y} = \boldsymbol{X}$) 时，错误率不会因此增加，即网络深度的增加不会引起训练误差上升。加入恒等快捷连接的 ResNet 也与 highway network 一样，将原始输入信息直接传输到后面

卷积神经网络某一层输入为 $\boldsymbol{X}$，在经过网络传输处理之后，得到的期望输出是 $H(\boldsymbol{X})$。与传统神经网络不同，残差网络引进恒等快捷连接，构造了残差块。如图 9.2 所示，直接将输入 $\boldsymbol{X}$ 传入输出中并作为下一层的初始结果，则此时目标函数为：

$$F(\boldsymbol{X}) = H(\boldsymbol{X}) - \boldsymbol{X} \tag{9.3.5}$$

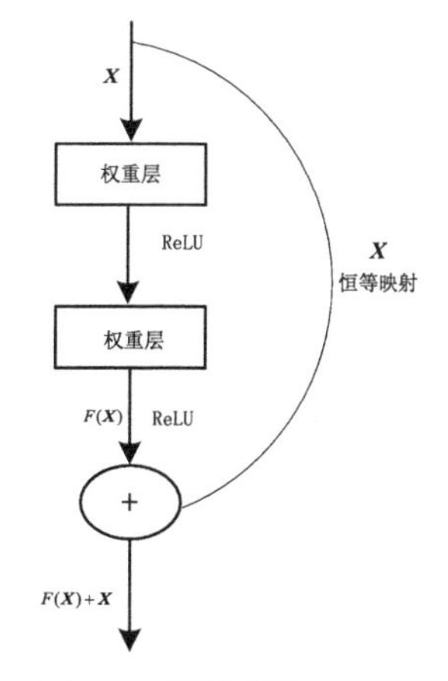

图 9.2　ResNet 网络模块

残差模块的引入改变了网络的学习目标，网络不再学习一个完整的输出 $H(\boldsymbol{X})$，而是学习输出与输入之间的差别，即残差 $[H(\boldsymbol{X})-\boldsymbol{X}]$。图 9.2 左侧是残差函数，右侧为对输入的恒等映射，这两支路径经过融合 (对应元素相加) 后，再经过非线性变换 (激活函数)，最后形成一个完整的残差网络模块。

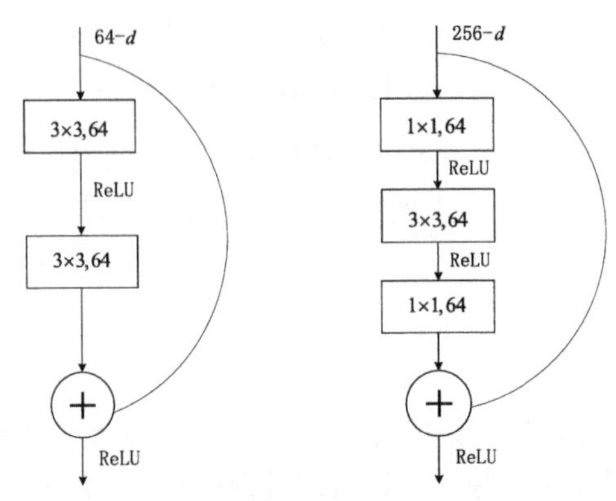

图 9.3　2 层与 3 层的 ResNet 学习模块

残差网络有很多旁路的支线直接将上一层网络的输出连接到下一层或下面多层网络中，这种连接方式被称为残差连接 (residual connection)。

在一个残差网络模块中，跳跃连接一般会跳跃 2 ~ 3 层甚至更多，但如果仅跳跃一层则意义不大，实验效果也不理想，因为 2 ~ 3 层可以提供更多的非线性，拟合更复杂的 $F(\boldsymbol{X})$ 。图 9.3 左侧是 2 层残差学习模块，由 2 个输出通道数一致 (残差网络是输出减去输入，这要求输出与输入的维度保持一致) 的 3×3 卷积网络堆叠而成。但这种残差网络模块在实际中并不是十分有效。右侧是 3 层学习模块，依次由 1×1、3×3、1×1 这 3 个卷积层构成。先用 1×1 的卷积降维 (通道数降低) 后，再做 3×3 卷积，最后用 1×1 的卷积提升特征通道数。

总之，残差网络的出现解决了因卷积网络深度持续加深而导致的退化问题。

9.3.3　ShuffleNet

目前，深度学习网络已取得很大的成功，但是模型参数巨大，计算量以 GFLOPS 计 (10 亿次每秒的浮点运算数)，导致难以应用到手机等嵌入设备中。因此有许多学者研究如何在适当的 MFLOPs 下取得好的效果，大致有几个方向：剪枝 (pruning)、量化 (quantization)、低维表达、蒸馏 (distill) 和网络结构的优化，而 ShuffleNet 旨在优化网络基础结构。

ShuffleNet 是一种轻量级网络架构，包括了两个操作：逐点分组卷积和 channel shuffle，在减少计算的同时保持了较高的准确率。

9.3.3.1　分组卷积

分组卷积将上一层的特征图进行分组，采用不同的卷积核对各个组进行卷积，有效减少卷积的计算量。常规的卷积是全通道卷积，即在所有的输入特征图上做卷积，这是一种通道密集连接方式 (channel dense connection)。而分组卷积与之相比则是一种通道稀疏连接方式 (channel sparse connection)。

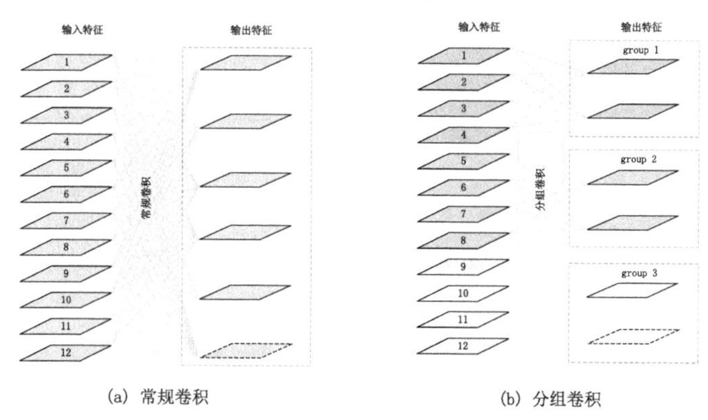

(a) 常规卷积　　(b) 分组卷积

图 9.4　常规卷积与分组卷积

假设输入特征图尺寸为 $c \times h \times w$，卷积核 n 个，输出特征图通道数量与卷积核的数量相同也是 n，每个卷积核的尺寸为 $c \times k \times k$，使用常规卷积则 n 个卷积核的总参数量为 $n \times c \times k \times k$，输入特征图与输出特征图的连接方式如图 9.4 (a) 所示。

分组卷积对输入特征图按通道分成 g 组，则每组的输入特征图的通道数量为 c/g，每组的输出特征图的通道数量为 n/g，每个卷积核的尺寸为 $c/g \times k \times k$，卷积核的总数仍为 n 个，每组的卷积核数量为 n/g，卷积核只与其同组的特征图进行卷积，卷积核的总参数量为 $n \times c/g \times k \times k$。与常规卷积相比，总参数量减少约为原来的 $1/g$，其连接方式如图 9.4 (b) 所示，卷积核只与同组的输入特征图进行卷积，而不与其他组的输入特征图做卷积。

9.3.3.2　深度可分离卷积

当分组数量等于输入特征图的通道数量，输出特征图的通道数量也等于输入特征图的通道数量时，即 $g = n = c$，n 个卷积核的每个尺寸为 $1 \times k \times k$ 时，分组卷积就变成了深度可分离卷积，参数量进一步缩减。

深度可分离卷积 (如 9.5 所示) 将标准卷积分为了两步。

(1) 深度卷积，用跟输入特征图通道数量的一样多的 c 个卷积核，分别对输入的特征图对应的通道进行卷积操作。

（2）逐点卷积，标准的 1×1 卷积，做通道融合变换。

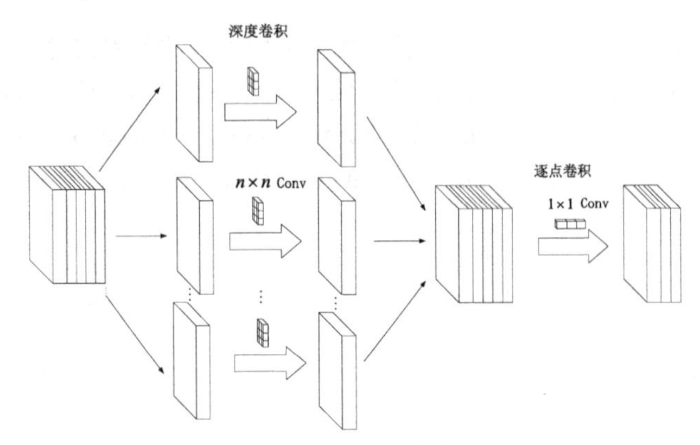

图 9.5 深度可分离卷积

9.3.3.3 ShuffleNet Unit

图 9.6 (a) 是 ResNet 的 bottleneck block，其中 3×3 卷积被替换为深度卷积 (DWConv)；图 9.6 (b) 1×1 卷积替换为分组卷积 (GConv)，并加入 channel shuffle；图 9.6 (c) 为下采样时采用的结构。bottleneck 是 channel 数为 c 的 Resnet Block。

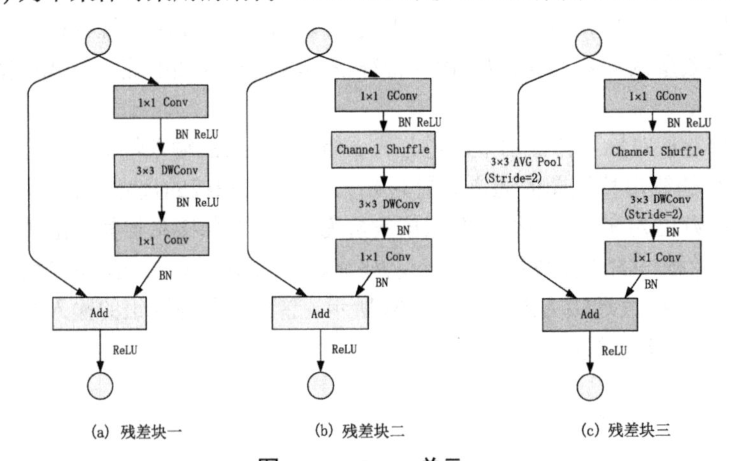

图 9.6 ShuffleNet 单元

9.4 案例求解

本节利用 AlexNet、ResNet、ShuffleNet 分类模型设计垃圾分类器，给出实现代码和运行结果，进行对比实验和分析。

9.4.1　分析问题

垃圾分类可以有效提高垃圾的资源价值和经济价值，减少垃圾处理量和处理设备，降低处理成本，具有社会、经济、生态等几方面的效益。

利用 Pytorch 框架自带的 AlexNet、ResNet、ShuffleNet 分类模型设计一个简单的垃圾分类器，此分类器用于判定某一种垃圾是否为可回收。数据集使用 Kaggle 上的垃圾分类数据集 Waste Classification data，该数据集分为训练数据 (85%) 和测试数据 (15%)，训练数据和测试数据都包含 2 个子文件夹 O (不可回收) 和 R (可回收)。

9.4.2　建立模型

（1）导入环境所需的包。

```
import os
import torch
import random
from tqdm import tqdm
import torch.nn as nn
from tqdm import tqdm
import torch.optim as optim
import torch.nn.functional as F
from torchvision import datasets, transforms
```

（2）配置数据集的路径以及一些超参数。

```
# data directory
train_image_dir = 'Waste␣Classification␣data/DATASET/DATASET/TRAIN'
test_image_dir = 'Waste␣Classification␣data/DATASET/DATASET/TEST'

# parameters
BATCH_SIZE = 64
NUM_EPOCH = 100
LEARNING_RATE = 0.001
DEVICE = torch.device('cuda' if torch.cuda.is_available() else
    'cpu')
```

（3）数据预处理以及加载数据。

```
# dataset prep
train_transform = transforms.Compose([
   transforms.Resize(size=(224, 224)),
   transforms.RandomResizedCrop(224),
   transforms.RandomHorizontalFlip(),
   transforms.ToTensor()
])
train_dataset = datasets.ImageFolder(train_image_dir,
    transform=train_transform)
test_dataset = datasets.ImageFolder(test_image_dir,
    transform=train_transform)


# data loader
train_dataloader = torch.utils.data.DataLoader(train_dataset,
    batch_size=BATCH_SIZE, shuffle=True)
test_dataloader = torch.utils.data.DataLoader(test_dataset,
    batch_size=BATCH_SIZE, shuffle=True)
```

（4）定义 AlexNet 网络模型。

```
from torchvision import models
model=models.alexnet().to(DEVICE)
```

（5）同样地，使用相同的方式定义 ResNet 和 ShuffleNet 网络模型。

```
from torchvision import models
model=models.resnet18().to(DEVICE)
```

```
from torchvision import models
model=models.shufflenet().to(DEVICE)
```

（6）迭代训练。

```
def train():
```

```
print("Model␣training␣....")
n_total_steps = len(train_dataloader)
current_loss = float("inf")
for epoch in range(NUM_EPOCH):
    for i, (images, labels) in enumerate(tqdm(train_dataloader)):
        images,labels = images.to(DEVICE), labels.to(DEVICE)
        #forward
        pred = model(images)
        loss = loss_fn(pred, labels)
        #backpass
        optimizer.zero_grad()
        loss.backward()
        optimizer.step()
        if loss.item()<0.1: break

    print (f'Epoch␣[{epoch+1}/{NUM_EPOCH}],␣Step␣
        [{i+1}/{n_total_steps}],␣Loss:␣{loss.item():.4f}')
    if loss.item() < current_loss:
        current_loss = loss.item()
        if not os.path.isdir("model"): os.mkdir("model")
        print(f"Saving␣Model␣to␣ckpt_alexnet_file.pth")
        ckpt = {"model": model.state_dict(), "optimizer":
            optimizer.state_dict()}
        torch.save(ckpt, os.path.join("model",
            "ckpt_alexnet_file" + ".pth"))
    if loss.item()<0.1:break
```

（7）测试函数。

```
def test():
    print("Model␣testing˜....")
    ckpt = torch.load('model/ckpt_alexnet_file.pth')
    model.load_state_dict(ckpt['model'])
    predictions, targets = [], []

    correct, total = 0, 0
```

```
for images, labels in tqdm(test_dataloader, leave=False):
    images = images.to(DEVICE)
    labels = labels.to(DEVICE)
    pred = model(images)
    _, predicted = torch.max(pred.data, 1)
    predictions.extend(predicted.cpu().numpy().tolist())
    targets.extend(labels.cpu().numpy().tolist())

    # calculate accuracy
    total += labels.size(0)
    correct += (predicted == labels).sum().item()
print(f"Accuracy:{correct/len(test_dataset)*100}\%", )
```

9.4.3 结果展示

AlexNet、ResNet18 及 ShuffleNet 实验均在相同的参数配置下使用 Python3.8 和 pytorch1.1 进行搭建。使用 Waste Classification data 数据集，在配置为 Tesla P40 的 Linux 平台上分别消耗 14.99、12.35 和 9.44 小时完成模型的训练。

```
Accuracy:88.98%
```

```
Accuracy:89.34%
```

```
Accuracy:90.29%
```

可以发现，AlexNet 模型耗时最长，ShuffleNet 耗时最短。AlexNet 中包含多层全连接层，这相比于 ResNet 和 ShuffleNet 参数规模较大、模型更难拟合、训练时间更长。而 ShuffleNet 通过分组卷积以及 channel shuffle 操作可显著提高模型的效率。

9.5 本章小结

本章简要介绍了深度神经网络的发展，并结合实际案例详细介绍了分类模型 AlexNet、RestNet、ShuffleNet。AlexNet 中包含了几个比较新的技术点，首次在 CNN 中成功应用了 ReLU、Dropout 和 LRN 等训练技巧。也是在 AlexNet 出现后，更多的、更深的神经网络被提出，比如优秀的 VGG 和 GoogLeNet 等。ResNet 创造性地在深度神经网络中使用残差块解决了网络退化问题，有效地提升了神经网络的深度和拟合效果。ShuffleNet 是一种计算高效的轻量级 CNN 模型，ShuffleNet 的目标是利用有限的计算资源来获得最好的模型精度，其核心设计理念是对不同的 channels 进行 shuffle 来解决由 Group Convolution 导致的通道组之间信息流通降低使信息表示能力变差的问题。

9.6 习题

（1）AlexNet 的两大创新点。
（2）ResNet 为什么叫残差网络？
（3）为什么 ResNet 可以训练很深的网络？
（4）Depthwise+Pointwise Convolution 和 Group Convolution 的区别是什么？
（5）ShuffleNet 中的 shuffle 含义是什么？为什么要进行 shuffle？
（6）ShuffleNet 的创新点。

第 10 章　生成对抗网络

生成对抗网络 (generative adversarial networks，GAN) 是深度学习领域的一个重要生成模型，该模型由两部分构成：生成器 (generator) 和判别器 (discriminator)。生成器能够从训练数据中产生相同分布的样本，对于输入 $\boldsymbol{X}$ 与类别标签 Y，生成器能够学习其联合概率分布；而判别器则用于判断样本是真实数据还是生成器所生成的数据，即估计样本所属类别的条件概率分布。整个网络采用传统的监督学习方式。向生成器输入一个随机噪声向量，输出一个复杂样本 (如图片)；向判别器输入该复杂样本，输出该样本的概率分布向量。判别器的目标是区分真假样本，生成器的目标是生成逼近真实样本的数据分布，两者目标相反存在对抗。两者结合后，经过大量次数的交替式迭代训练后，生成器能够尽可能模拟出以假乱真的样本，而判别器会具有更精确的鉴别真伪数据的能力，最终整个 GAN 网络会达到纳什均衡，训练结束。

10.1　引言

伊恩 · 古德费洛 (Ian Goodfellow) 是一位机器学习研究者，现为谷歌大脑 (Google Brain) 的研究科学家。他在深度学习领域做出了多项贡献，而最具影响的贡献是发明了生成对抗网络，也因此被誉为“GAN 之父”，甚至被推举为人工智能领域的顶级专家。

Goodfellow 在吴恩达 (Google Brain 的联合创始人兼负责人) 与导师的指导下获得了斯坦福大学的计算机科学学士和硕士学位。在约书亚 · 本吉奥 (Yoshua Bengio，2018 年 ACM AM 图灵奖获得者) 和亚伦 · 库维尔 (Aaron Courville) 的指导下，2014 年 4 月，他在蒙特利尔大学获得机器学习博士学位，他的论文题目是深度学习表示及其在计算机视觉中的应用。毕业后，Goodfellow 加入了 Google Brain 研究团队。后来他离开谷歌公司，加入了新成立的 OpenAI 研究实验室。2017 年 3 月，他回到谷歌研究院。在谷歌公司，他开发了一个系统，使谷歌地图能够从街景汽车拍摄的照片中自动转录地址，并展示了机器学习系统的安全漏洞。2019 年，他被列入最具影响的 100 位全球思想家名单；同年，他离开谷歌公司加入了苹果公司，在特别项目组担任机器学习总监。2022 年 4 月，他辞职以抗议苹果公司不合理的复岗政策，并随后加入 DeepMind，成为一名研究科学家。

10.2　生成对抗网络原理

首先，我们是可以知道真实图片的分布函数 $p_{data}(\boldsymbol{x})$ 的，同时我们把假的图片也看成一个概率分布，并将此概率分布定义为 $p_g = (\boldsymbol{x}, \theta)$。那么，我们的目标是什么呢？我们的目标就是使 $p_g = (\boldsymbol{x}, \theta)$ 尽量去逼近 $p_{data}(\boldsymbol{x})$。在 GAN 中，我们使用神经网络去实现这一点。其中 $\boldsymbol{z} \sim p_z(\boldsymbol{z})$ 为噪声数据，$G(\boldsymbol{z})$ 是一个针对 $\boldsymbol{z}$ 的概率密度分布函数，针对判别器我们有 $D(\boldsymbol{x}, \theta)$，$D(\boldsymbol{x}, \theta)$ 代表某一张图片 $\boldsymbol{x}$ 为真的概率，GAN 网络模型结构如图 10.1 所示。

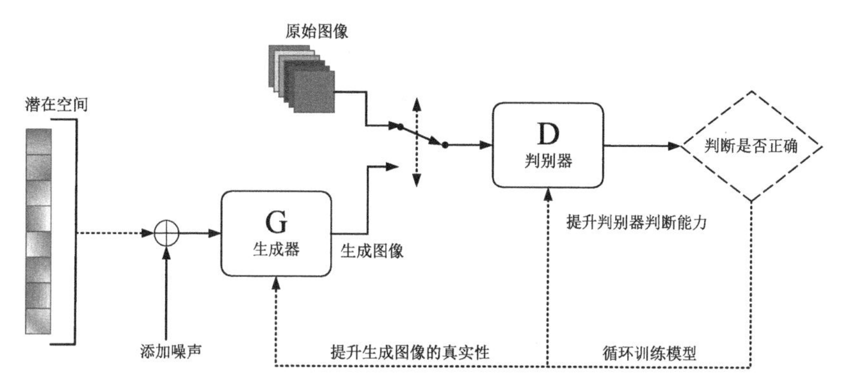

图 10.1　GAN 网络模型结构

10.3　损失函数

我们的目标很明确，既要不断提升判别器判断真假样本的能力，又要不断提升生成器生成图像的逼真程度。

对于判别器，它的目标是分辨出真样本 $\boldsymbol{x}_r$ 与假样本 $\boldsymbol{x}_f$，即可以使用约束图片的预测值和真实值之间差异的交叉熵损失函数：

$$\min_{\theta} \mathcal{L} = \text{Crossentropy}\left(D_\theta(\boldsymbol{x}_r), y_r, D_\theta(\boldsymbol{x}_f), y_f\right) \tag{10.3.1}$$

其中，$D_\theta(\boldsymbol{x}_r)$ 代表真实样本 $\boldsymbol{x}_r$ 在判别器 D_θ 的输出，θ 为判别器的参数集，$D_\theta(\boldsymbol{x}_f)$ 为生成样本 $\boldsymbol{x}_f$ 在判别器的输出。y_r 为 $\boldsymbol{x}_r$ 的标签，由于真实样本标注为真，故 $y_r = 1$，y_f 为生成样本 $\boldsymbol{x}_f$ 的标签；由于生成样本标注为假，故 $y_f = 0$。根据二分

类问题的交叉熵损失函数定义：

$$\mathcal{L} = -\sum_{x_r \sim p_r(\cdot)} \log D_\theta(\boldsymbol{x}_r) - \sum_{x_f \sim p_g(\cdot)} \log\left(1 - D_\theta(\boldsymbol{x}_f)\right) \tag{10.3.2}$$

因此，判别器的优化目标是：

$$\theta^* = \operatorname{argmin}_\theta \mathcal{L} \tag{10.3.3}$$

去掉 $\mathcal{L}$ 中的负号，把 $\min_\theta \mathcal{L}$ 问题转换为 $\max_\theta \mathcal{L}$ 问题，并写为期望形式：

$$\theta^* = \operatorname{argmax} \mathbb{E}_{x_r \sim p_r(\cdot)} \log D_\theta(\boldsymbol{x}_r) + \mathbb{E}_{x_f \sim p_g(\cdot)} \log\left(1 - D_\theta(\boldsymbol{x}_f)\right) \tag{10.3.4}$$

对于 $G(z)$，我们希望 $\boldsymbol{x}_f = G(z)$ 能够很好地骗过 D，假样本 $\boldsymbol{x}_f$ 在 D 的输出越接近真实的标签越好。也就是说，在训练 G 时，希望 $D(G(z))$ 越逼近 1 越好，此时的交叉熵损失函数：

$$\min_\phi \mathcal{L} = \text{Crossentropy}\left(D\left(G_\phi(z)\right), 1\right) = -\log D\left(G_\phi(z)\right) \tag{10.3.5}$$

把 $\min_\phi \mathcal{L}$ 问题转换为 $\max_\phi \mathcal{L}$ 问题，并写为期望形式：

$$\phi^* = \operatorname*{argmax}_\phi \mathbb{E}_{z \sim p_z(\cdot)} \log D\left(G_\phi(z)\right) \tag{10.3.6}$$

再等价转化为：

$$\phi^* = \operatorname*{argmin}_\phi \mathcal{L} = \mathbb{E}_{z \sim p_z(\cdot)} \log\left[1 - D\left(G_\phi(z)\right)\right] \tag{10.3.7}$$

GAN 的优化过程不像通常的求损失函数的最小值，而是保持 G 与 D 两股力量的动态平衡。因此，其训练过程要比一般神经网络难很多。

把 D 的目标和 G 的目标合并，写成 min-max 形式：

$$\begin{aligned}\min_\phi \max_\theta \mathcal{L}(D, G) &= \mathbb{E}_{x_r \sim p_r(\cdot)} \log D_\theta(\boldsymbol{x}_r) + \mathbb{E}_{x_f \sim p_g(\cdot)} \log\left(1 - D_\theta\left(\boldsymbol{x}_f\right)\right) \\ &= \mathbb{E}_{x \sim p_r(\cdot)} \log D_\theta(\boldsymbol{x}) + \mathbb{E}_{z \sim p_z(\cdot)} \log\left(1 - D_\theta\left(G_\phi(z)\right)\right)\end{aligned} \tag{10.3.8}$$

在 GAN 网络的原论文中，模型的目标函数为：

$$\min_G \max_D V(D, G) = \mathbb{E}_{x \sim p_{\text{data}}(x)}[\log D(\boldsymbol{x})] + \mathbb{E}_{z \sim p_z(z)}[\log(1 - D(G(z)))] \tag{10.3.9}$$

这里为了好理解，把各个符号梳理得更清晰了，注意符号和网络参数的对应。理想情况下，D 会有更精确的鉴别真伪数据的能力，经过大量次数的迭代训练会使 G 尽可能模拟出以假乱真的样本，最终整个 GAN 会达到纳什均衡，即 D 对于生成样本和真实样本的鉴别结果为正确率和错误率各占 50%。

10.4　案例分析

mnist 数据集是杨立昆 (Yann Lecun) 基于美国国家标准技术研究所构建的一个研究深度学习的手写数字的数据集。由 70000 张不同人手写的 0~9 共 10 种数字的灰度图组成。本节我们将利用 Tensorflow 模块搭建 GAN 网络，实现 mnist 手写数字数据集的图像生成。

（1）导入需要使用的相关模块，定义相关参数。

```
import torch
from torchvision import datasets, transforms
import torch.nn as nn
from torch.autograd import Variable
from torchvision.utils import save_image
import os


class Config:
    device = torch.device('cuda:0')
    batch_size = 12
    epoch = 30000
    alpha = 3e-4
    print_per_step = 100
    z_dim = 100
```

（2）生成器的功能是生成样本，这里需要的是 28×28 的图片。先生成长度为 100 的高斯噪声，接着将噪声通过线性模型升维到 784 维，激活函数采用 Relu。

```
class generator(nn.Module):
    def __init__(self):
        super(generator, self).__init__()
        self.gen = nn.Sequential(
            nn.Linear(100, 256),
            nn.ReLU(True),
            nn.Linear(256, 512),
            nn.ReLU(True),
            nn.Linear(512, 784),
            nn.Tanh()
```

```
        )

    def forward(self, x):
        x = self.gen(x)
        return x
```

（3）判别器的功能是分辨真实图片与生成的图片，实际上就是一个二分类问题。这里采用全连接网络提取特征并进行二分类，同样也可以利用 CNN、LSTM 等网络进行特征提取。

```
class discriminator(nn.Module):
    def __init__(self):
        super(discriminator, self).__init__()
        self.f1 = nn.Sequential(
            nn.Linear(784, 512),
            nn.LeakyReLU(0.2)
        )
        self.f2 = nn.Sequential(
            nn.Linear(512, 256),
            nn.LeakyReLU(0.2)
        )
        self.out = nn.Sequential(
            nn.Linear(256, 1),
            nn.Sigmoid()
        )

    def forward(self, x):
        x = self.f1(x)
        x = self.f2(x)
        x = self.out(x)
        return x
```

（4）定义模型的训练过程，完成数据的读取与预处理。

```
class TrainProcess:
    def __init__(self):
```

```
        self.data = self.load_data()
        self.D = discriminator().to(Config.device)
        self.G = generator().to(Config.device)
        self.criterion = nn.BCELoss()
        self.d_optimizer = torch.optim.Adam(self.D.parameters(),
            lr=Config.alpha)
        self.g_optimizer = torch.optim.Adam(self.G.parameters(),
            lr=Config.alpha)

    def load_data():
        transform = transforms.Compose([
            transforms.ToTensor(),
            transforms.Normalize((0.5,), (0.5,))
        ])
        data = datasets.MNIST(root='./data/', train=True,
        transform=transform,download=True)
        data_loader = torch.utils.data.DataLoader(dataset=data,
        batch_size=Config.batch_size,shuffle=True)
        return data_loader

    def to_img(x):
        out = 0.5 * (x + 1)
        out = out.clamp(0, 1)
        out = out.view(-1, 1, 28, 28)
        return out
```

（5）添加训练细节，定义生成器与判别器的损失函数与模型的更新迭代过程。打印损失函数的变化情况，保存生成的中间图像。

```
def train_step(self):
    for epoch in range(Config.epoch):
        for i, (img, _) in enumerate(self.data):
            num_img = img.size(0)
            img = img.view(num_img,-1)
            real_img = Variable(img).cuda()
            real_label = Variable(torch.ones(num_img)).cuda()
```

```
        fake_label = Variable(torch.zeros(num_img)).cuda()
        real_out = self.D(real_img)
        d_loss_real = self.criterion(real_out, real_label)
        real_scores = real_out
        z = Variable(torch.randn(num_img, Config.z_dim)).cuda()
        fake_img = self.G(z).detach()
        fake_out = self.D(fake_img)
        d_loss_fake = self.criterion(fake_out, fake_label)
        fake_scores = fake_out
        d_loss = d_loss_real + d_loss_fake
        self.d_optimizer.zero_grad()
        d_loss.backward()
        self.d_optimizer.step()
        z = Variable(torch.randn(num_img, Config.z_dim)).cuda()
        fake_img = self.G(z)
        output = self.D(fake_img)
        g_loss = self.criterion(output, real_label)
        # bp and optimize
        self.g_optimizer.zero_grad()
        g_loss.backward()
        self.g_optimizer.step()
        # print loss
        if (i + 1) % 100 == 0:
            print('Epoch[{}/{}],d_loss:{:.6f},g_loss:{:.6f}␣''D␣
                real:␣{:.6f},D␣fake:␣{:.6f}'.format(epoch,
                Config.epoch, d_loss.data.item(),
                g_loss.data.item(),real_scores.data.mean(),
                fake_scores.data.mean()))
        # save image
        if epoch % 10 == 0:
            real_images = self.to_img(real_img.cpu().data)
            save_image(real_images, './img/real_images.png')
            fake_images = self.to_img(fake_img.cpu().data)
            save_image(fake_images,
                './img/fake_images-{}.png'.format(epoch + 1))
```

（6）定义主函数。

```
if not os.path.exists('./img'):
    os.mkdir('./img')
    p = TrainProcess()
    p.train_step()
```

这里我们给出一个进行 30000 次迭代训练后的 GAN 网络所生成的手写数字，示例如图 10.2 所示。

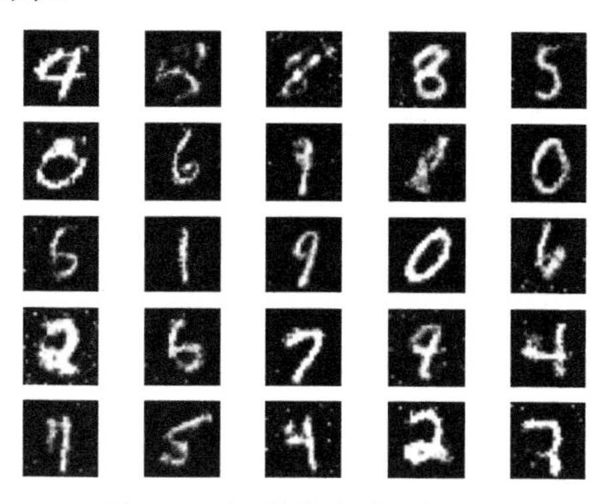

图 10.2　手写数字生成图像示例

10.5　本章小结

GAN 网络对于生成式模型的发展具有重要意义，GAN 作为一种生成式方法，有效解决了自然性数据的生成难题。此外，GAN 的训练过程创新性地将两个神经网络的对抗作为训练准则，并且使用反向传播进行迭代学习，大大降低了生成式模型的训练难度，提高了训练效率。在图像生成的实践中，GAN 生成的样本易于被人类理解，此外，除了对生成式模型的诸多贡献，GAN 对于半监督学习也有不少启发。

总的来说，GAN 虽然解决了生成式模型的一些问题，并且对其他方法的发展具有一定的启发意义，但是 GAN 并不完美，它在解决已有问题的同时也引入了一些新的问题：① GAN 的优化过程存在不稳定性，很容易陷入一个鞍点或局部极值点上，即“崩溃模式现象”。② GAN 作为以神经网络为基础的生成式模型，存在神经网络类模型的一般性缺陷，即可解释性差。③ GAN 模型缺乏可延展性，尤其在处理大规模数据的时候。

后续的研究工作中，在 GAN 模型基础上提出的 WGAN 就彻底解决了训练不稳定问题，同时基本解决了“崩溃模式现象”。对于 GAN，未来研究方向可以是：① 如何彻底解决崩溃模式并继续优化训练过程。② 关于 GAN 收敛性和均衡点存在性的理论推断。③ 如何将 GAN 与特征学习、模仿学习、强化学习等技术更好地融合，开发新的人工智能应用或者促进这些方法的发展。

10.6 习题

（1）请简述一下，GAN 网络的基本逻辑与实际应用领域。

（2）生成器与判别器的主要功能是什么？它们在训练过程中各自发挥了怎样的作用？

（3）当 GAN 网络完成训练，最后生成器与判别器博弈的结果是什么？

（4）简单分析一下公式 (10.3.9)。

（5）GAN 网络的优缺点是什么？

（6）为什么 GAN 网络中的优化器不常用 SGD？

第 11 章　对比学习

对比学习是一种自监督学习方法，用于在没有标签的情况下，通过让模型学习哪些数据点相似或不同来学习数据集的一般特征。对比学习的概念很早就出现。近年来，辛顿 (Hinton) 组提出了新的对比学习模型。用该框架训练出的表示以 7% 的提升刷爆了之前的算法模型，因此使得对比学习成为各大领域关注的焦点。近年来，在许多应用 (如文本分类、图像检索、语义文本相似度匹配) 中，基于对比学习思想的模型方法层出不穷，作为一种无监督表示学习方法，在一些任务上的表现已经超过了监督学习。

目前，对比学习已经被应用在图像分类和目标检测等领域，相关深度学习算法成为国际竞争的新焦点。当前，我国面对复杂的国际竞争形势，必须牢牢把握相关发展领域的战略主动。同时对比学习算法的研究不单是科研问题，也将对人们的生活质量产生一定影响，因此我们需要研究对比学习等深度学习算法，并通过它发掘大数据的隐藏价值。对比学习的思想最早源于计算机视觉领域的研究，辛顿组提出基于对比学习的经典模型使得对比学习在 2020 年的 2 月真正成为热门方向。何恺明作为计算机视觉的领军人物，在计算机视觉和深度学习领域做出了突出贡献，与他的同事开发了深度残差网络 (ResNet)。ResNet 目前是计算机视觉领域的流行架构。ResNet 也被用于机器翻译、语音合成、语音识别和 AlphaGo 的研发上。2020 年 1 月 11 日，何恺明荣登 AI 全球最具影响力学者榜单，并在 2022 年人工智能全球最具影响力学者榜单上获得第一名。由于对比学习成为最近的热门方向，除了何恺明还有很多科学家参与研究，比如辛顿、延恩 · 勒昆及一流研究机构如脸书、谷歌，都投入其中并快速提出各种改进模型。各种方法相互借鉴，又各有创新，俨然一场机器学习领域的军备竞赛。对比学习属于无监督或者自监督学习，但是目前多个模型的效果已超过了监督模型，这样的结果很令人振奋。

对比学习是一种基于对比思想的判别式表示学习框架 (或方法)，主要用来做无监督 (自监督) 的表示学习 (对比学习也可以用于监督学习，但这不是对比学习的优势所在，故本章不再赘述)。可类比为自然语言处理中利用上下文重构遮盖词的遮盖语言模型 (masked language model)，它不限于某一个或一类模型，而是一种利用无标签数据进行表示学习的思想。本章介绍对比学习的相关概念，以及目前国际上常用的对比学习模型，并且通过列举相关实例来了解对比学习怎样解决实际问题。

11.1 引言

深度学习的成功往往依赖于海量数据的支持，其中对于数据的标记与否，可以分为有监督学习和无监督学习。目前监督学习的技术相对成熟，但是对海量的数据进行标记需要花费大量的时间和资源，因此研究人员将目光聚焦在无监督学习上。无监督学习指的是自主发现数据中潜在的结构，节省时间以及硬件资源。无监督学习的思路为自主地从大量数据中学习同类数据的相同特性，并将其编码为高级表征，再根据不同任务进行微调即可，这在很大程度上降低了时间和资源的消耗。

无监督学习一般分为两类，分别为生成学习与对比学习。生成学习的核心思想是通过生成对抗网络，分别构建一个生成器与一个检测器，由生成器生成数据并由检测器进行检测，最终达到互相学习的目的。生成学习一般用于特征提取与降噪等方面，其经典应用为自编码器，但生成学习在分类任务中的表现并不理想。对比学习的核心思想是构建不同的正负样本集，通过比较学习正样本与负样本的差异，增加同类样本间的相似性，以及不同样本间的差异性，最终实现分类目的。对比学习的重点在于负样本集的构建及比较学习方法，并具有超越监督学习方法的可能性。

对比学习着重于学习同类实例之间的共同特征，区分非同类实例之间的不同之处。与生成学习比较，对比学习不需要关注实例上烦琐的细节，只需要在抽象语义级别的特征空间上学会对数据的区分即可，因此模型以及其优化变得更加简单，且泛化能力更强。对比学习的目标是学习一个编码器，此编码器对同类数据进行相似的编码，并使不同类的数据的编码结果尽可能不同。

对比学习作为无监督学习的一种，其核心思想是利用不同的样本构建正负样本对进行特征学习。本章节对对比学习的思想、工作流程以及损失函数进行介绍，并对目前较为经典的模型框架进行解释与实现。

11.2 问题

近年来计算机视觉的迁移学习和预训练受到了广泛的关注。研究表明，良好的无监督/自监督训练可以产生高质量的基础模型和嵌入，这大大减少了下游获得良好分类模型所需的数据量。目前的大数据时代可以很容易收集大量的数据，但其中只有一部分可以被标记 (要么是由于标记过程的巨大成本，要么是由于一些时间限制)，因此这种不需要大量标记数据的无监督方法变得越发重要。

在预训练阶段我们使用无标签的数据集，因为使用有标签的数据集在打标签时需要很多人工标注，成本是相当高的。相反，无标签的数据集随处可见。在训练模型参数的时候，我们不追求把参数用带标签数据从初始化的一张白纸一步训练到位，原因就是数据集太耗力。我们需要使用自监督学习先把参数从一张白纸训练到初步成型，再从初步成型训练到完全成型。因此我们需要使用机器来完成三件任务：① 需要相似和不同的图像样本对来训练模型。② 需要某种机制来得到能让机器理解图像的表示。③ 需要一些机制来计算两个图像的相似性。目前可以通过对比学习完成这三件任务。对比学习作为自监督方法中的一种，因为优异的性能目前成为解决上述问题的热门技术。下面，我们先通过介绍对比学习方法的原理，然后通过使用对比学习来完成图像的分类工作。

11.3　对比学习

近年来，对比学习常常作为自监督学习的一种学习方式在无监督或半监督领域大放异彩。作为一种无监督表示学习方法，比起需要大量标记数据的监督数据，它可以自主地从大量数据中学习同类数据的相同特性，并将其编码为高级表征，并可以自主发现数据中潜在的结构，节省时间以及硬件资源。

11.3.1　基本思想

深度学习从大量数据中自动学习的能力使其在各种领域广泛应用，例如计算机视觉和自然语言处理。但是，深度学习也有瓶颈，就是需要大量的人工标注的标签。例如在计算机视觉中，监督模型需要在图片的表示和图片的标签之间建立关联。监督学习不仅需要大量的标注数据，还面临着各种问题：① 模型的泛化性能；② 伪相关；③ 对抗攻击。

传统的监督学习模型极度依赖于大量的有标签数据，所以研究者们想研究出一种办法，如何利用大量的无标签数据。之所以自监督学习得到了广泛关注，因为它可以从数据自身寻找标签来监督模型的训练。自监督学习结合了生成模型和对比模型的特点：从大量无标签数据中学习表示。在 2014 年生成对抗网络推出之后，生成模型得到了更多关注，且生成模型也成了许多强大模型的基础。这些模型启发研究者去研究自监督学习 (不需要标签)。但是，研究者发现，基于生成对抗网络的模型由于几个原因导致模型很复杂，并且不容易训练：① 难以收敛；② 判别器太强大而导致生成器难以生成好的结果；③ 判别器和生成器需要同步。

由于以上原因，研究者们提出了对比学习的概念。与生成模型不同，对比学习是一种判别模型，它让相似样本变近，不同样本变远。基于对比思想的判别式表示学习框架 (或方法)，主要用来做无监督 (自监督) 的表示学习，它不限于某一个或一类模型，而是一种利用无标签数据进行表示学习的思想。

那对比学习采用的具体思想是什么呢？顾名思义，即将样例同与它语义相似的例子 (正样例) 和与它语义不相似的例子 (负样例) 进行对比，通过设计模型结构和对比损失，使语义相近的例子对应的特征表示在表示空间中距离更近，语义不相近的例子对应的特征表示距离更远，达到类似聚类的效果，如图 11.1 所示。

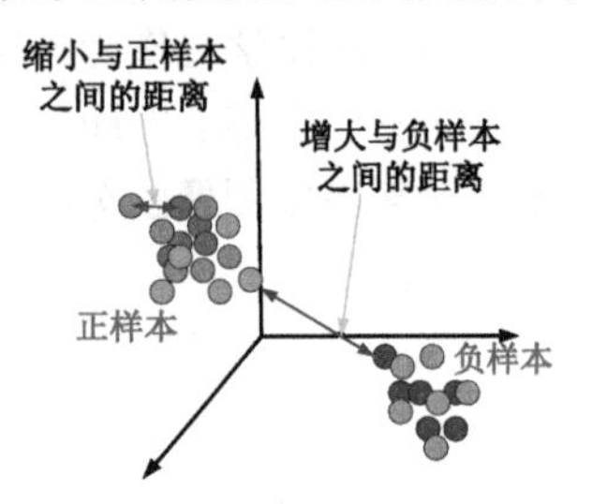

图 11.1 空间中样本距离

缩小与正样本间的距离，扩大与负样本间的距离，使正样本与锚点的距离远远小于负样本与锚点的距离 (或使正样本与锚点的相似度远远大于负样本与锚点的相似度)，从而达到他们之间原有空间分布的真实距离。利用空间考虑对比学习，可得出对比学习的最终目标为：

$$
\begin{aligned}
d\left(f(x), f\left(x^{+}\right)\right) \ll d\left(f(x), f\left(x^{-}\right)\right) \\
s\left(f(x), f\left(x^{+}\right)\right) \gg s\left(f(x), f\left(x^{-}\right)\right)
\end{aligned} \tag{11.3.1}
$$

如图 11.2 所示，对比学习期望通过使同一类鸟不同角度的照片的表示相近，而不同种类动物对应的表示距离相远，使得学到的表示可以忽略掉角度 (或光影等) 变换带来的细节变动，进而学习到更高维度、更本质的特征信息。

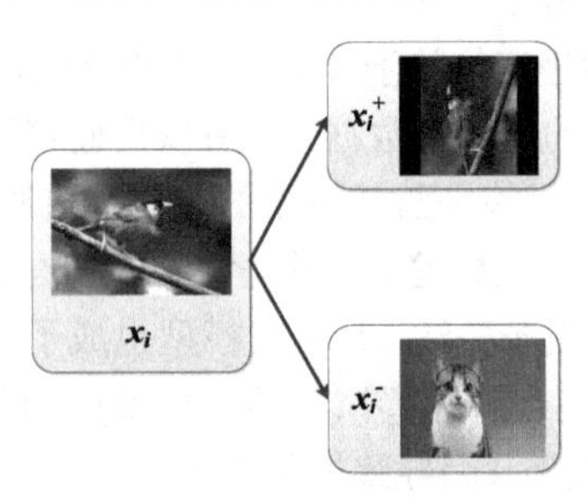

图 11.2 正负样本实例

这里引入两个重要的概念，对齐性 (alignment) 和均匀性 (uniformity)。由于对比学习的表示一般都会正则化，因而会集中在一个超球面上。对齐性和均匀性指的是好的表示空间应该满足两个条件：

（1）相近样例的表示尽量接近，即对齐性。

（2）不相近样例的表示应该均匀地分布在超球面上，即均匀性。

满足这样条件的表示空间是线性可分的，即一个线性分类器就足以用来分类，因而也是对比学习希望得到的，可以通过这两个特性来分析表示空间的好坏。从上述内容中可以轻易地发现对比学习有三个重要的组成部分：正负样例、对比损失以及模型结构，接下来我们就对这三个部分进行详细描述。

11.3.2　正负样例

正样例指的是与给定样例语义相近的样例，而负样例指的是与给定样例语义不相近的样例。对于监督的数据，正负样例很容易构造，同一标签下的例子互为正样例，不同标签下的例子互为负样例。但对于无标签的数据，我们如何得到正负样例呢？

目前的主流做法是对所有样例增加扰动，产生一些新的样例：同一个样例扰动产生的所有样例之间互为正样例，不同样例扰动产生的样例彼此之间互为负样例。现在的问题就变成了如何可以在保留原样例语义不变的情况下增加扰动，构造新样例。

图像领域中的扰动可大致分为两类：空间/几何扰动和外观/色彩扰动。空间/几何扰动的方式包括但不限于图片翻转 (flip)、图片旋转 (rotation)、图片挖剪 (cutout)、图片剪切并放大 (crop and resize)。外观扰动包括但不限于色彩失真、加高斯噪声等，如图 11.3 所示。

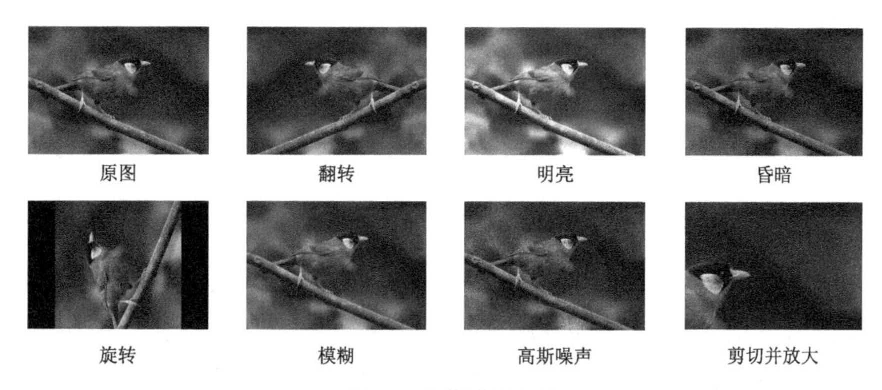

图 11.3　图像增强示例

综上所述，在对比学习的前置任务之中，原始图片被当作一种锚点 (anchor)，其增强的图片被当作正样本 (positive sample)，然后其余的图片被当作负样本。

11.3.3 对比损失

在有了正负例之后，我们需要给模型信号，激励它拉近正样例间的距离，拉远负样例间的距离。这要通过设计对比损失来完成。给定一个样例 x 和它对应的正样例 x^+ 以及负样例 $x_1^-, x_2^-, \cdots, x_N^-$，我们需要一个表示函数 $f_\theta(\cdot): X \to \mathbb{R}^n$，以及一个距离的度量函数 $D(\cdot,\cdot): \mathbb{R}^n \times \mathbb{R}^n \to \mathbb{R}$。表示函数即由我们定义的模型得到。至于度量函数，最简单的自然是欧几里得距离：$D(x_1, x_2) = \|x_1 - x_2\|_2$。不过，在对比学习中一般会将表示归一化为长度为 1 的向量，故欧几里得距离与向量内积就相差一常数项。为计算方便，通常就用内积作为距离度量，即 $D(x_1, x_2) = x_1 \cdot x_2$，也可叫作余弦距离。有了这些准备工作，我们就可以定义对比损失。

1. 原始对比损失

原始对比损失由哈德塞 (Hadsell) 提出，原文只是作为一种降维方法：只需要训练样本空间的相对关系 (对比平衡关系) 即可在空间内表示向量。给定一个样例对 (x_1, x_2)，我们有标签 $y \in \{0, 1\}, y = 1$ 代表样例对互为正例，$y = 0$ 代表样例对互为负例。进而定义了对比损失:

$$
\begin{gathered}
L\left(w,\left(y,\vec{x}_1,\vec{x}_2\right)^i\right) = (1-y)L_S\left(D_w^i\left(\vec{x}_1,\vec{x}_2\right)\right) + yL_D\left(D_w^i\left(\vec{x}_1,\vec{x}_2\right)\right) \\
L(w) = \sum_{i=1}^{P} L\left(w,\left(y,\vec{x}_1,\vec{x}_2\right)^i\right)
\end{gathered}
\tag{11.3.2}
$$

式中，w 为网络权重；y 为标志符，$y = \begin{cases} 0, & x_1, x_2 \text{ 同类} \\ 1, & x_1, x_2 \text{ 不同类} \end{cases}$；$D_w$ 为 x_1 与 x_2 在潜变量空间的欧几里得距离。

2. 三元组损失 (triplet loss)

程等人考虑了三元组约束，兼顾了正样本对和负样本对之间的关系，取得不错的效果。三元组损失公式如下所示。

$$
L = \sum_{i}^{N}\left[\left\|f\left(x_i^a\right) - f\left(x_i^p\right)\right\|_2^2 - \left\|f\left(x_i^a\right) - f\left(x_i^n\right)\right\|_2^2 + a\right]_+
\tag{11.3.3}
$$

三元组损失目的是拉近正样本对之间的距离，推开负样本对之间的距离，通常为了配合三元组损失，常常使用困难样本挖掘的方法，即在一个批次训练中，每张图片找出距离最远的正样本和距离最近的负样本，同时正样本对和负样本对之间设置一个最小距离间隔来约束学习，其效果模拟示意图如图 11.4 所示。

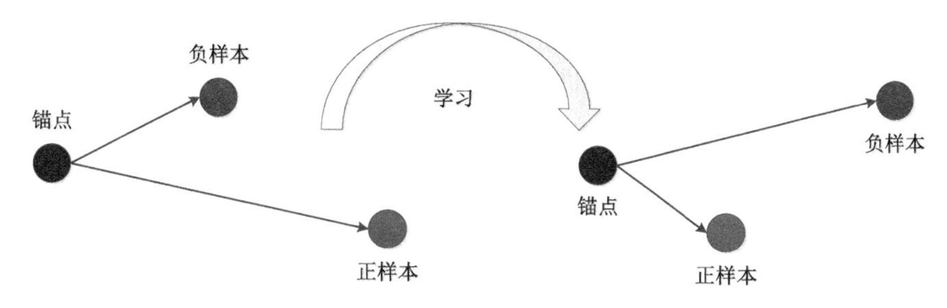

图 11.4　三元组对比损失

虽然三元组损失已经满足了对比学习的要求，但是它把一个样例限定在了一个三元组中，一个正例只与一个负例对比。实际操作中，对一个样例，我们能得到的负样例个数远远多于正样例，为了利用这些资源，近年来对比学习多用信息噪声对比估计损失等。

3. 互信息

在预测未来信息时，将目标 x (预测) 和上下文 c (已知) 编码成一个紧凑的分布式向量表示 (通过非线性学习映射)，其方式最大限度地保留了原始信号 x 和 c 的互信息：

$$I(x,c)=\sum_{x}\sum_{c}p(x,c)\log\frac{p(x,c)}{p(x)p(c)}=\sum_{x,c}p(x,c)\log\frac{p(x\mid c)}{p(x)} \tag{11.3.4}$$

通过最大化编码之间互信息，提取输入中的隐变量。互信息往往是算不出来的，但是这里可以对其进行估计，通过不同方法进行估计，从而衍生出自监督的两种方式。

（1）互信息上界估计：减少互信息，即变分自编码器的目标。

（2）互信息下界估计：增加互信息，即对比学习的目标。

假设 $\exists \boldsymbol{X},\boldsymbol{Y},H(\boldsymbol{X})$ 为 $\boldsymbol{X}$ 的信息熵，$H(\boldsymbol{X}\mid\boldsymbol{Y})$ 为条件熵，互信息表述如下:

$$I(\boldsymbol{X};\boldsymbol{Y})=H(\boldsymbol{X})-H(\boldsymbol{X}\mid\boldsymbol{Y}) \tag{11.3.5}$$

如果 $\boldsymbol{X}$ 与 $\boldsymbol{Y}$ 有关联，则在 $\boldsymbol{Y}$ 已知的条件下，$\boldsymbol{X}$ 的不确定性会变化。若设 $\boldsymbol{X},\boldsymbol{Y}$ 的联合概率分布为 $p(x,y)$，边缘概率为 $p(x),p(y)$，概率分布可以表示为:

$$I(\boldsymbol{X};\boldsymbol{Y})=\sum_{y\in\boldsymbol{Y}}\sum_{x\in\boldsymbol{X}}p(x,y)\log\left(\frac{p(x,y)}{p(x)p(y)}\right) \tag{11.3.6}$$

通常使用的最大化互信息条件，就是最大化两个随机事件的相关性。

互信息上界：VAE 估计

$$I(\boldsymbol{X},\boldsymbol{C})=\sum p(x,c)\log\left(\frac{p(c\mid x)}{p(c)}\right)=E_{p(x,c)}\left(\frac{p(c\mid x)}{p(c)}\right) \tag{11.3.7}$$

VAE 的思想是用 $r(c)$ (一般取正态分布) 去变分估计 $p(c)$，为了衡量二者分布的相似程度，这里用 KL 散度进行比较。

$$D_{KL}[p(c), r(c)] = E_{p(c)}[\log(p(c))] - E_{p(c)}[\log(r(c))] \geqslant 0 \tag{11.3.8}$$

即 $p(c) \geqslant r(c)$，所以，

$$\begin{aligned} I(\boldsymbol{X}, \boldsymbol{C}) &\leqslant E_{p(x,c)}\left(\frac{p(c \mid x)}{r(c)}\right) \\ &\approx E_{p(c|x)}\left(\frac{p(c \mid x)}{r(c)}\right) \\ &= D_{KL}(p(c \mid x) \| r(c)) \end{aligned} \tag{11.3.9}$$

CLUB 估计：由于没有进行先验估计，所以是更加紧的上界。

$$I_{CLUB}(\boldsymbol{X}, \boldsymbol{C}) = E_{p(x,c)}[\log(p(c \mid x))] - E_{p(x)}E_{p(c)}[\log(p(c \mid x))] \tag{11.3.10}$$

$$\begin{aligned} I_{CLUB}(\boldsymbol{X}, \boldsymbol{C}) - I(\boldsymbol{X}, \boldsymbol{C}) &= E_{p(x,c)}[\log(p(c \mid x))] - E_{p(x)}E_{p(c)}[\log(p(c \mid x))] \\ &\quad - E_{p(x,c)}[\log(p(c \mid x))] + E_{p(x)}E_{p(c)}[\log(p(c))] \\ &= E_{p(c)}\left[\log(p(c)) - E_{p(x)}[\log(p(c \mid x))]\right] \end{aligned} \tag{11.3.11}$$

由于 log 函数是凹函数，根据 Jensen 不等式：

$$E_{p(x)}[\log(p(c \mid x))] \leqslant \log\left(E_{p(x)}[p(c \mid x)]\right) = \log(p(c)) \tag{11.3.12}$$

因此，

$$I_{CLUB}(\boldsymbol{X}, \boldsymbol{C}) \geqslant I(\boldsymbol{X}, \boldsymbol{C}) \tag{11.3.13}$$

4. **InfoNCE Loss**

噪声对比估计 (noise contrastive estimation, NCE) 是一种通过引入一个噪声分布，解决多分类问题 softmax 分母归一化中分母难以求值的问题。具体做法是把多分类问题通过引入一个噪声分布变成一个二元分类问题，将原来构造的多分类分类器 (条件概率) 转化为一个二元分类器，用于判别给定样例是来源于原始分布还是噪声分布，进而更新原来多元分类器的参数。听起来好像跟对比学习没什么关系，但如果把噪声分布的样本想成负样例，那这个二元分类问题就可以理解为让模型对比正负样例做出区分进而学习到正样例 (原始分布) 的分布特征，这与对比学习的思想相似。

信息噪声对比估计损失继承了 NCE 的基本思想，从一个新的分布引入负样例，构造了一个新的多元分类问题，并且证明了减小这个损失函数相当于增大互信息 (mutual information) 的下界，这也是名字 InfoNCE Loss 的由来。

选取 $\boldsymbol{X} = \{x_1, x_2, \cdots, x_N\}$，这里只有一个正样本对 (x_{t+k}, c_t) 来自 $p(x_{t+k} \mid c_t)$ 即原本的信号，其他 $N-1$ 个均是负样本 (噪声样本) 来自 $p(x_{t+k})$，即随机选取的

信号片段。损失函数定义如下：

$$L_N = -\mathbb{E}_X\left[\log\frac{f_k(x_{t+k}, c_t)}{\sum_{x_j\in X} f_k\left(x_j, c_t\right)}\right] \tag{11.3.14}$$

InfoNCE Loss 的推导如下所述。

InfoNCE 引入了互信息的思想，认为我们可以通过最大化当前上下文 c_t 和下 k 个时刻的数据 x_{t+k} 之间的互信息来构建预测任务，互信息的定义表示如下:

$$I(x_{t+k}; c_t) = \sum_{x,c} p(x_{t+k}, c_t)\log\frac{p(x_{t+k} \mid c_t)}{p(x_{t+k})} \tag{11.3.15}$$

我们无法知道 x_{t+k} 和 c_t 之间的联合分布 $p(x_{t+k}, c_t)$，因此要最大化 $I(x_{t+k}; c_t)$，就需要最大化 $\dfrac{\tilde{p}(x_{t+k} \mid c_t)}{p(x_{t+k})}$。把此比例定义为密度比，$p(x_{t+k} \mid c_t)$ 就相当于 p_d，是想得到的目标函数；分母 $p(x_{t+k})$ 就相当于 p_n，是用来进行对比的噪声。

因此，我们就可以将问题转换为一个二分类的问题，更具体来解释：

（1）从条件 $p(x_{t+k} \mid c_t)$ 中取出数据称为“正样本”，它是根据上下文 c_t 所做出的预测数据，将它和上下文一起组成“正样本对”，类别标签设为 1。

（2）从 $p(x_{t+k})$ 中取出的样本称为“负样本”，它是与当前上下文 c_t 没有必然关系的随机数据，将它和上下文 c_t 一起组成“负样本对”，类别标签设为 0。

（3）正样本也就是与 c_t 间隔固定步长 k 的数据，根据 NCE 中说明的设定，正样本选取 1 个；因为噪声分布与数据分布越接近越好，所以负样本就直接在当前序列中随机选取 (只要不是那一个正样本就行) ，负样本数量越多越好。所以要做的就是训练一个 logistics 分类模型，来区分这两个正负样本对。问题转换后，训练的模型能够“成功分辨出每个正负样本的能力”就等价于“根据 c_t 预测 x_{t+k} 的能力”。现在假设给出一组大小为 N 的 $X = \{x_1, \cdots, x_N\}$，其中包含 1 个从 $p(x_{t+k} \mid c_t)$ 中取的正样本和 $N-1$ 个 $p(x_{t+k})$ 中取的负样本。

设 x_{t+k} 是正样本，上下文 c_t 表示 t 之前的数据，那么能够正确地同时找到那一个正样本 x_{t+k} 和 $N-1$ 个负样本的情况可以写成如下形式：

$$p(x_{t+k} \mid c_t) = \frac{p(x_{t+k} \mid c_t)\prod_{l\neq t+k} p(x_l)}{\sum\limits_{j=1}^{N} p\left(x_j \mid c_t\right)\prod_{l\neq j} p(x_l)} \tag{11.3.16}$$

即

$$p(x_{t+k} \mid c_t) = \frac{\frac{p\left(x_{t+k}\mid c_t\right)}{p\left(x_{t+k}\right)}}{\sum\limits_{j=1}^{N}\frac{p\left(x_j\mid c_t\right)}{p\left(x_j\right)}} \tag{11.3.17}$$

最大化上面这个式子，即最大化模型“成功分辨出每个正负样本的能力”，就是最大化我们定义的密度比，也是最大化 x_{t+k} 和 c_t 的互信息。上式可以转换为:

$$p(x_{t+k} \mid c_t) = \frac{\exp[s_\theta(x_{t+k}, c_t)]}{\sum\limits_{x_j\in X}\exp[s_\theta\left(x_j, c_t\right)]} \tag{11.3.18}$$

在上式中，我们知道 $s_\theta(x,c)$ 是一个 scoring 函数，可以用余弦相似度来量化，定义为：$f_k(x_{t+k},c_t)$。那么式 (11.3.18) 可化为：

$$p(x_{t+k}\mid c_t)=\frac{f_k(x_{t+k},c_t)}{\sum_{x_j\in X}f_k\left(x_j,c_t\right)} \tag{11.3.19}$$

对比式 (11.3.17) 和式 (11.3.19)，我们可以发现：

$$f_k(x_{t+k},c_t)\propto\frac{p(x_{t+k}\mid c_t)}{p(x_{t+k})} \tag{11.3.20}$$

现在我们的优化目标就是使式 (11.3.17) 或式 (11.3.19) 的结果最大，所以可以写出对应形式的交叉熵损失如下：

$$\mathcal{L}_N=-\sum_X\left[p(x,c)\log\frac{f_k(x_{t+k},c_t)}{\sum_{x_j\in X}f_k\left(x_j,c_t\right)}\right] \tag{11.3.21}$$

即

$$\mathcal{L}_N=-\mathbb{E}_X\left[\log\frac{f_k(x_{t+k},c_t)}{\sum_{x_j\in X}f_k\left(x_j,c_t\right)}\right] \tag{11.3.22}$$

上式就是最终得到的 InfoNCE 损失函数了，并且最小化 InfoNCE，也就等价于最大化 x_{t+k} 和 c_t 的互信息的下限，从而做到了要求的最大化 $I(x_{t+k};c_t)$ 。

那为什么最小化 InfoNCE 等价于最大化 x_{t+k} 和 c_t 的互信息的下限？可通过以下进行证明：我们可以将式 (11.3.17) 代入式 (11.3.22)，并且，已知除了 x_{t+k} 其余均是负样本：

$$\begin{aligned}\mathcal{L}_N^{opt}&=-\mathbb{E}_X\log\left[\frac{\frac{p(x_{t+k}|c_t)}{p(x_{t+k})}}{\frac{p(x_{t+k}|c_t)}{p(x_{t+k})}+\sum_{x_j\in X_{\text{neg}}}\frac{p(x_j|c_t)}{p(x_j)}}\right]\\&=\mathbb{E}_X\log\left[1+\frac{p(x_{t+k})}{p(x_{t+k}\mid c_t)}\sum_{x_j\in X_{\text{neg}}}\frac{p\left(x_j\mid c_t\right)}{p\left(x_j\right)}\right]\end{aligned} \tag{11.3.23}$$

如果正负样本距离能够拉得足够远，那么所有的负样本期望都会在 α 附近，且近乎相等。那么，就有下列式子成立：

$$\begin{aligned}\mathcal{L}_N^{opt}&\approx\mathbb{E}_X\log\left[1+\frac{p(x_{t+k})}{p(x_{t+k}\mid c_t)}(N-1)\mathbb{E}_{x_j}\frac{p\left(x_j\mid c_t\right)}{p\left(x_j\right)}\right]\\&=\mathbb{E}_X\log\left[1+\frac{p(x_{t+k})}{p(x_{t+k}\mid c_t)}(N-1)\right]\\&\geqslant\mathbb{E}_X\log\left[\frac{p(x_{t+k})}{p(x_{t+k}\mid c_t)}N\right]\end{aligned} \tag{11.3.24}$$

代入式 (11.3.18) 即可算出互信息的下限：

$$\mathcal{L}_N^{opt}\geqslant-I(x_{t+k},c_t)+\log(N) \tag{11.3.25}$$

在使用 InfoNCE 时把它当作一个对比损失，那么分子上的 (x_{t+k}, c_t) 表示正样本对，分母上的 $\left(x_j, c_t\right)$ 表示负样本对，我们只要构建好正负样本对，然后利用 InfoNCE 的优化过程，就可以使样本对之间的互信息最大，使负样本对之间的互信息最小了。

11.3.4　基于对比学习的经典模型

这一小节将介绍近几年图像领域对比学习有代表性的几个经典模型，包括用于无监督视觉表征学习的动量对比 (Momentum contrast for unsupervised visual representation learning, MoCo) 和一种简单的用于视觉表征对比学习的框架 (A simple framework for contrastive learning of visual representations, SimCLR)。

1. **MoCo**

MoCo 是何恺明在 2020 年提出的一个高效的对比学习的结构。使用基于 MoCo 的无监督学习结构学习到的特征用于 ImageNet 分类可以超过监督学习的性能。MoCo 从字典角度解释了计算机视觉中的对比学习：对比学习的目的是在高维且连续的特征空间构建一个离散的字典。

受 NLP 任务的启发，MoCo 将图片数据分别编码成查询向量和键向量，即查询 q 与键队列 k，队列包含单个正样本和多个负样本。通过对比损失来学习特征表示。主线依旧是不变的：在训练过程中尽量提高每个查询向量与自己相对应的键向量的相似度，同时降低与其他图片的键向量的相似度。

MoCo 使用两个神经网络对数据进行编码：encoder 和 momentum encoder。encoder 负责编码当前实例的抽象表示。momentum encoder 负责编码多个实例 (包括当前实例) 的抽象表示。对于当前实例，最大化其 encoder 与 momentum encoder 中自身的编码结果，同时最小化与 momentum encoder 中其他实例的编码结果。

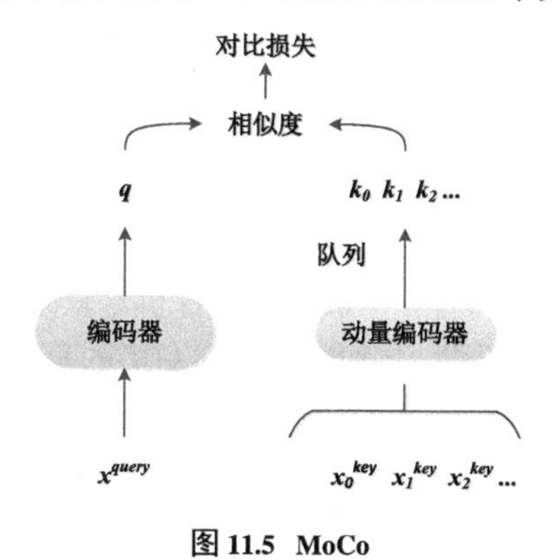

图 11.5　MoCo

MoCo 采用非对称结构，即两个编码器 $f_{\theta_q}^q$ 和 $f_{\theta_k}^k$，编码器都是用的 ResNet 。

其中$f_{\theta_q}^{q}$ 编码原样例，$f_{\theta_k}^{k}$ 编码正负样例。θ_q 通过正常反向传播更新，θ_k 则通过进行动量更新 (momentum update)，这一部分会在下一部分进行详细介绍。

MoCo 的损失函数采用 InfoNCE Loss。因为是分类问题，交叉熵损失 (cross-entropy loss) 是分类问题中默认使用的损失函数：

$$L_{CE} = -\sum_{c} I(y_i = c) \log P(y = c \mid X_i) \tag{11.3.26}$$

分类模型中，最后一层一般是线性层 linear layer + softmax。所以，如果将之前的特征视为 $f(X_i)$，linear layer 的权重视为 W，则有:

$$P(y = c \mid X_i) = \frac{\exp[W_c^T f(X_i)]}{\sum_p \exp[W_p^T f(X_i)]} \tag{11.3.27}$$

每个权重矩阵 W 事实上代表了每一类样本的特征值的模板 (根据向量乘法我们知道越相似的两个向量其内积越大) 。实际上，现有的分类问题是通过一系列深度网络提取特征，然后依据大量的样本学习到一个有关每一类样本特征的模板。在测试的阶段则将这个学到的特征模板与标签做比对。非参数样本分类将每个计算出的样本特征作为模板，即看作是计算所得的样本特征模板。

对比损失最终的目标还是不变的:

$$d[f(X), f(X^-)] \gg d[f(X), f(X^+)] \tag{11.3.28}$$

这里使用余弦 (cosine) 距离，假设已经归一化特征值，则优化上式实际上等同于最大化下式中的 softmax 概率，

$$P(X, X^+) = \frac{\exp[f(X^+)^T f(X_i)]}{\sum_p \exp[f\left(X_j\right)^T f(X_i)]} \tag{11.3.29}$$

假设其中有一个正样本，其余均是负样本，则根据 InfoNCE Loss 表示为：

$$\mathcal{L}_q = -\log \frac{\exp(q \cdot k_+ / \tau)}{\sum_{i=0}^{K} \exp(q \cdot k_i / \tau)} \tag{11.3.30}$$

其中 q 和 k^+ 可以有多种构造方式，比如对图像进行裁剪变色等随机变化。

根据 InfoNCE loss 的特性，一般希望能提供尽量多的负样例进行优化，这样不但可以增加负例的多样性，同时可以提供更多的负样本，提升最终表现。但运算能力是有限的，因而就有工作考虑设计机制规避大量的运算，以增加一个样例可以对比负样例的个数，因此 MoCo 采用存储块 (memory bank) 在开始训练之前，先将所有图片的表示计算好储存起来。由于对比学习的特性，参与对比学习损失的实例数往往越多越好，但 Memory Bank 中存储的都是 encoder 编码的特征，容量很大，导致采样的特征具有不一致性 (是由不同的 encoder 产生的)。所

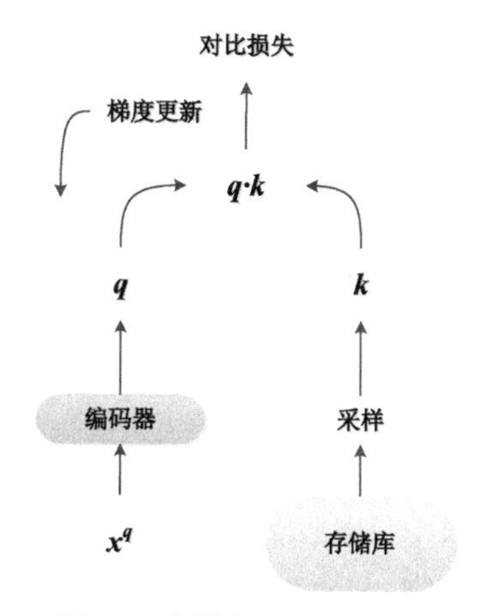

图 11.6　存储库 (Memory Bank)

以，对所有参与过 momentum encoder 的实例建立动态字典 (dynamic dictionary) 作为 Memory Bank，在之后训练过程中每一个轮次会淘汰掉字典中最早被编码的数据。

由于 Memory Bank，导致引入大量实例的同时，会使反向传播十分困难，而 momentum encoder 参数更新就依赖于 Momentum 更新法，使 momentum encoder 的参数逐步向 encoder 参数逼近：

$$\theta_k = m\theta_k + (1-m)\theta_q \tag{11.3.31}$$

其中 $m = 0.999$，θ_q 指 encoder 部分的参数。

参数更新的同时，MoCo 不再储存全部样例，而是保留了一个相对较短固定长度动态更新的队列，每次迭代后，当前 batch 通过 $f_{\theta_k}^k$ 前馈得到的新的样例表示将加入队列，而最早加入队列的相同数目的样例表示被移出队列，以保持固定长度。通过这两种方式，既降低了占用内存的大小，又保证了队列中最早和最新的表示差距不至于过大，保证了一致性，使得对比模型训练更加稳定。

MoCo 的特点可以分为三点：① 用于负采样的队列是动态的。② 用于负样本特征提取的编码器与用于 query 提取的编码器不一致，是一种 Momentum 更新的关系。③ 与 Memory Bank 类似，NCE Loss 只影响 query，不更新 key。

2. SimCLR

2020 年，Google 发布了 SimCLR。SimCLR 与 MoCo 模型都是近年 self-supervised learning 的重要里程碑。Google Brain 团队的 SimCLR 在 ImageNet 的分类问题上展示了 SimCLR 训练出的线性分类器达到了 76.5% 的 top-1 准确性，相对于以前的最新技术，相对改进了 7%，与监督的 ResNet-50 的性能相匹配。当仅对 1% 的标签进行微调时，可以达到 85.8% 的 top-5 精度，其标签数量减少了

100 倍，超过了 AlexNet。

SimCLR 框架优势：

（1）多个数据增强组合对于定义产生有效表示的对比预测任务至关重要。此外，无监督的对比学习受益于比监督学习更强的数据增强。

（2）在表示和对比损失之间引入可学习的非线性变换，大大提高了学习表示的质量。

（3）对比交叉熵损失的表示学习受益于归一化嵌入和适当的温度参数 τ。

（4）对比学习与监督学习相比，受益于更大的批量 (batch) 和更长的训练时间。与监督学习一样，对比学习也受益于更深更广的网络。

对比学习是一种为机器学习模型描述相似和不同事物的任务的方法。它试图教机器区分相似和不同的事物。SimCLR 最终目的是最大化同一数据示例的不同增强视图之间的一致性来学习表示，即 $\max \mathrm{similar}(v_1, v_2)$。SimCLR 框架包括以下 4 个主要组件:

（1）随机数据增强模块。随机转换任何给定的数据示例，生成同一数据示例的两个相关视图，表示并定义 $\bar{x}_i$ 和 $\bar{x}_j$ 是正对。SimCLR 组合应用三种增强：随机裁剪然后调整回原始大小 (random cropping and resize back) 、随机颜色失真 (color distortions) 和随机高斯模糊 (random Gaussian blur) 。

（2）基础编码器 (base encoder) $f(\cdot)$ 。用于从生成的视图中提取表示向量，允许选择各种网络架构。模型选择 ResNet 获得 $h_i = f(\bar{x}_i) = \mathrm{ResNet}(\bar{x}_i)$，生成的表示 $h_i \in R^d$ 是平均池化层 (averagepoolinglayer) 后的输出。

（3）投影头 (projection head) $g(\cdot)$ 将表示映射到应用对比损失的空间。本文使用一个带有一个隐藏层的 MLP 来获得 $z_i = g(h_i) = w^{(2)}\sigma\left(w^{(1)}h_i\right)$ 其中 σ 是一个 $ReLU$ 非线性函数。此外，发现在 z_i 而非 h_i 上定义对比损失是有益的。

（4）对比损失 (contrastive loss)。给定 batch 中一组生成视图 $\{\tilde{x}_k\}$，其中包括一对正例 $\bar{x}_i$ 和 $\bar{x}_j$，对比预测任务旨在对给定 $\bar{x}_i$ 识别 $\left\{\bar{x}_j\right\}_{k \neq i}$ 中的 $\bar{x}_j$。

SimCLR 的流程如下：如图 11.7 所示，首先，从原始图像生成批大小为 N 的 batch。为了简单起见，取一批大小为 $N = 2$ 的数据。

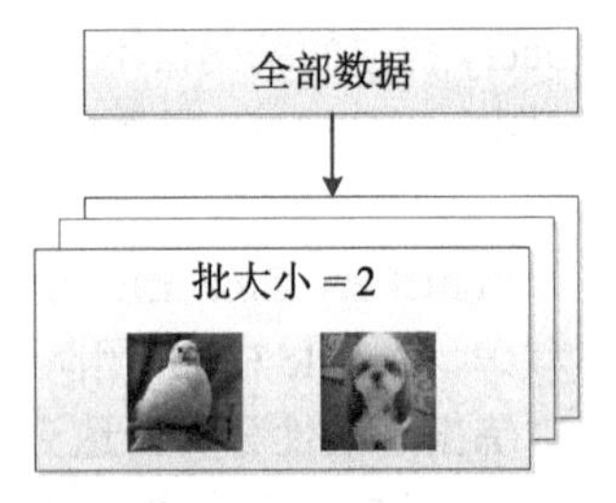

图 11.7 生成批数据

定义一个随机变换函数，该函数取一幅图像并应用 random (crop + flip + color jitter + grayscale)。对于这个 batch 中的每一幅图像，使用随机变换函数得到一对图像。因此，对于 batch 大小为 2 的情况，可以得到 $2N = 4$ 张总图像。

每一对中的增强过的图像都通过一个编码器来获得图像表示。所使用的编码器是通用的，可与其他架构替换。对于两个增强图像使用两个编码器有共享的权值，从而可以得到两个向量。

两个增强过的图像的表示经过一系列非线性层应用非线性变换，并将其投影到新的表示中，因此，对于 batch 中的每个增强过的图像，可以得到其嵌入向量。通过这些嵌入向量，先计算余弦相似性：

$$s_{i,j} = \frac{z_i^T z_j}{\left(\tau \|z_i\| \|z_j\|\right)} \tag{11.3.32}$$

使用上述公式计算 batch 中每个增强图像之间的两两余弦相似度。如图 11.8 所示，在理想情况下增强后的狗的图像之间的相似度会很高，而狗和鸟图像之间的相似度会较低。

图 11.8　图像相似度

SimCLR 使用了一种对比损失，称为“NT-Xent 损失”(归一化温度- 尺度交叉熵损失)。先将 batch 的增强对逐个取出。接下来使用 softmax 函数来得到这两个图像相似的概率：这个 softmax 计算等价于第二个增强的狗图像与图像对中的第一个狗图像最相似的概率。这里，batch 中所有剩余的图像都被采样为不相似的图像 (负样本对)。

其次，通过取上述计算的对数的负数来计算这一对图像的损失。这个公式就是噪声对比估计 (NCE) 损失：

$$l(i, j) = -\log \frac{\exp\left(s_{i,j}\right)}{\sum_{k=1}^{2N} 1_{[k!=i]} \exp\left(s_{i,k}\right)} \tag{11.3.33}$$

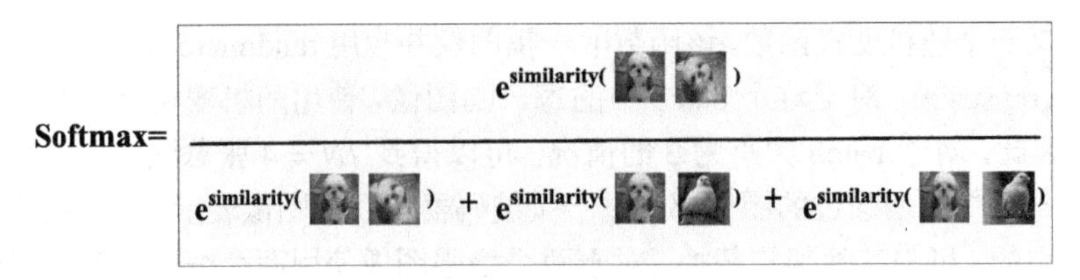

图 11.9 计算相似概率

最后，计算 *Batch size* $N = 2$ 的所有配对的损失并取平均值：

$$L = \frac{1}{2N}\sum_{k=1}^{N}[l(2k-1, 2k) + l(2k, 2k-1)] \tag{11.3.34}$$

基于这种损失，编码器和投影头表示法会随着时间的推移而改进，所获得的表示法会将相似的图像放在空间中更相近的位置。一旦在对比学习任务上对 SimCLR 模型进行了训练，就可以将其用于转移学习。为此，使用来自编码器的表示代替从投影头获得的表示。这些表示形式可用于下游任务，例如图像分类。

11.4 案例求解

11.4.1 分析问题

现实生活中有标签的数据集很难获取，无标签的数据集却比较容易获得，所以人们想到更好地利用无标签的数据，并且得到的效果与有标签的效果一致。因此可以通过使用对比学习的方法对原始图像进行预训练，不仅可以很好地使用无标签数据，而且可以确保学习到一种通用的特征表达用于下游任务。

本节的实验使用对比学习中经典的 SimCLR 网络框架对数据集 CIFAR10 进行分类实验，CIFAR10 图像数据集一共包含 10 个类别的 RGB 彩色图片：飞机 (airplane)、汽车 (automobile)、鸟类 (bird)、猫 (cat)、鹿 (deer)、狗 (dog)、蛙类 (frog)、马 (horse)、船 (ship) 和卡车 (truck)。图片的尺寸为 32 像素 ×32 像素，数据集中一共有 50000 张训练图片和 10000 张测试图片。根据问题所述，如果采用监督的方法进行图片分类，则需要耗费大量的人力来进行图像标注，在现实中不可行。因此，我们需要利用无标签数据使用对比学习的方法进行图片分类。

本节我们将使用 SimCLR 网络，在尽可能使用无标签数据的同时，将图片进行分类处理。CIFAR10 图像数据集训练有 50000 张，图片类别为 10 类，通过利用 SimCLR 网络，我们将使用 50000 张图片进行模型训练，并通过可视化对图片分类效果进行展示，以证明对比学习 SimCLR 网络可以应用于处理图片分类等下游任务。

11.4.2　建立模型

SimCLR (A Simple Framework for Contrastive Learning of Visual Representations) 是一种对比学习网络，可以对含有少量标签的数据集进行训练推理，它包含无监督学习和监督学习两个部分。其中，无监督学习主要是起到特征提取的作用，是为下一阶段的下游任务提供特征，监督学习是框架的图片分类部分，利用无监督学习的特征和参数模型实现图像分类，完成下游任务。

```
# net.py
import torch
import torch.nn as nn
import torch.nn.functional as F
from torchvision.models.resnet import resnet50
# stage one ,unsupervised learning
class SimCLRStage1(nn.Module):
    def __init__(self, feature_dim=128):
        super(SimCLRStage1, self).__init__()
        self.f = []
        for name, module in resnet50().named_children():
            if name == 'conv1':
                module = nn.Conv2d(3, 64, kernel_size=3, stride=1,
                    padding=1, bias=False)
            if not isinstance(module, nn.Linear) and not
                isinstance(module, nn.MaxPool2d):
                self.f.append(module)
        self.f = nn.Sequential(*self.f)
        self.g = nn.Sequential(nn.Linear(2048, 512, bias=False),
                               nn.BatchNorm1d(512),
                               nn.ReLU(inplace=True),
                               nn.Linear(512, feature_dim, bias=True))
    def forward(self, x):
        x = self.f(x)
        feature = torch.flatten(x, start_dim=1)
        out = self.g(feature)
        return F.normalize(feature, dim=-1), F.normalize(out, dim=-1)
# stage two ,supervised learning
```

```
class SimCLRStage2(torch.nn.Module):
    def __init__(self, num_class):
        super(SimCLRStage2, self).__init__()
        # encoder
        self.f = SimCLRStage1().f
        # classifier
        self.fc = nn.Linear(2048, num_class, bias=True)
        for param in self.f.parameters():
            param.requires_grad = False
    def forward(self, x):
        x = self.f(x)
        feature = torch.flatten(x, start_dim=1)
        out = self.fc(feature)
        return out
class Loss(torch.nn.Module):
    def __init__(self):
        super(Loss,self).__init__()
    def forward(self,out_1,out_2,batch_size,temperature=0.5):
        out = torch.cat([out_1, out_2], dim=0)
        sim_matrix = torch.exp(torch.mm(out, out.t().contiguous()) /
            temperature)
        mask = (torch.ones_like(sim_matrix) - torch.eye(2 *
            batch_size, device=sim_matrix.device)).bool()
        sim_matrix = sim_matrix.masked_select(mask).view(2 *
            batch_size, -1)
        pos_sim = torch.exp(torch.sum(out_1 * out_2, dim=-1) /
            temperature)
        pos_sim = torch.cat([pos_sim, pos_sim], dim=0)
        return (- torch.log(pos_sim / sim_matrix.sum(dim=-1))).mean()
if __name__=="__main__":
    for name, module in resnet50().named_children():
        print(name,module)
```

第一阶段的损失函数为：$\underset{x,x^+,x^-}{\mathbb{E}}\left[-\log\left(\frac{e^{f(x)^T f(x^+)}}{e^{f(x)^T f(x^+)}+e^{f(x)^T f(x^-)}}\right)\right]$，其中，$x^+$ 为与 x 相似的样本，x^- 为与 x 不相似的样本。代码中计算是通过对相似矩阵去掉对角线

值，分析结果一行，可以看成它与除了这行外的其他行都进行了点积运算 (包括 out_1 和 out_2)，而每一行为一个 batch 的一个取值，即一个输入图像的特征表示，因此，相似矩阵再去掉对角线值表示，每个输入图像的特征与其所有输出特征 (包括 out_1 和 out_2) 的点积，用点积来衡量相似性，加上 exp 操作，该操作就可以计算分母。计算分子时 * 为对应位置相乘，也是点积。接下来对公共参数写入对应配置文件：

```
# config.py
import os
from torchvision import transforms
use_gpu=True
gpu_name=0
pre_model=os.path.join('pth','model.pth')
save_path="pth"
train_transform = transforms.Compose([
    transforms.RandomResizedCrop(32),
    transforms.RandomHorizontalFlip(p=0.5),
    transforms.RandomApply([transforms.ColorJitter(0.4, 0.4, 0.4,
        0.1)], p=0.8),
    transforms.RandomGrayscale(p=0.2),
    transforms.ToTensor(),
    transforms.Normalize([0.4914, 0.4822, 0.4465], [0.2023, 0.1994,
        0.2010])])
test_transform = transforms.Compose([
    transforms.ToTensor(),
    transforms.Normalize([0.4914, 0.4822, 0.4465], [0.2023, 0.1994,
        0.2010])])
```

第一次运行代码时需要进行无监督学习数据加载，通过以下代码加载包含 10 个类别的 RGB 彩色图片 CIFAR-10 数据集：

```
# loaddataset.py
from torchvision.datasets import CIFAR10
from PIL import Image
class PreDataset(CIFAR10):
    def __getitem__(self, item):
```

```
        img,target=self.data[item],self.targets[item]
        img = Image.fromarray(img)
        if self.transform is not None:
            imgL = self.transform(img)
            imgR = self.transform(img)
        if self.target_transform is not None:
            target = self.target_transform(target)
        return imgL, imgR, target
if __name__=="__main__":
    import config
    train_data = PreDataset(root='dataset', train=True,
        transform=config.train_transform, download=True)
    print(train_data[0])
```

数据读取之后就需要进行无监督训练，在第一阶段先进行无监督学习，对输入图像进行两次随机图像增强，即由一幅图像得到两个随机处理过后的图像，依次放入网络进行训练，计算损失并更新梯度。无监督学习网络特征提取采用resnet50，将输入层进行更改，并去掉池化层及全连接层。之后将特征图平坦化，并依次进行全连接、批次标准化、relu 激活、全连接，得到输出特征。

```
# trainstage1.py
import torch,argparse,os
import net,config,loaddataset
# train stage one
def train(args):
    if torch.cuda.is_available() and config.use_gpu:
        DEVICE = torch.device("cuda:" + str(config.gpu_name))
        torch.backends.cudnn.benchmark = True
    else:
        DEVICE = torch.device("cpu")
    print("current deveice:", DEVICE)
    train_dataset=loaddataset.PreDataset(root='dataset', train=True,
        transform=config.train_transform, download=True)
    train_data=torch.utils.data.DataLoader(train_dataset,batch_size=
    args.batch_size, shuffle=True, num_workers=16 , drop_last=True)
    model =net.SimCLRStage1().to(DEVICE)
```

```
    lossLR=net.Loss().to(DEVICE)
    optimizer=torch.optim.Adam(model.parameters(), lr=1e-3,
        weight_decay=1e-6)
    os.makedirs(config.save_path, exist_ok=True)
    for epoch in range(1,args.max_epoch+1):
        model.train()
        total_loss = 0
        for batch,(imgL,imgR,labels) in enumerate(train_data):
            imgL,imgR,labels=imgL.to(DEVICE),imgR.to(DEVICE),
            labels.to(DEVICE)
            _, pre_L=model(imgL)
            _, pre_R=model(imgR)
            loss=lossLR(pre_L,pre_R,args.batch_size)
            optimizer.zero_grad()
            loss.backward()
            optimizer.step()
            print("epoch", epoch, "batch", batch, "loss:",
                loss.detach().item())
            total_loss += loss.detach().item()
        print("epoch␣
            loss:",total_loss/len(train_dataset)*args.batch_size)
        with open(os.path.join(config.save_path, "stage1_loss.txt"),
            "a") as f:
            f.write(str(total_loss/len(train_dataset)*args.batch_size)
                + "␣")
        if epoch % 5==0:
            torch.save(model.state_dict(),
                os.path.join(config.save_path, 'model_stage1_epoch' +
                str(epoch) + '.pth'))
if __name__ == '__main__':
    parser = argparse.ArgumentParser(description='Train␣SimCLR')
    parser.add_argument('--batch_size', default=200, type=int,
        help='')
    parser.add_argument('--max_epoch', default=1000, type=int,
        help='')
```

```
    args = parser.parse_args()
    train(args)
```

无监督训练结束后，将其特征提取层及参数传递给第二阶段。第二阶段为监督学习。加载第一阶段的特征提取层训练参数，用少量带标签样本进行监督学习(只训练全连接层)。这一阶段损失函数为交叉熵损失函数。监督学习网络使用无监督学习网络的特征提取层及参数，之后由一个全连接层得到分类输出。

```
# trainstage2.py
import torch,argparse,os
import net,config
from torchvision.datasets import CIFAR10
from torch.utils.data import DataLoader
# train stage two
def train(args):
    if torch.cuda.is_available() and config.use_gpu:
        DEVICE = torch.device("cuda:" + str(2))
        torch.backends.cudnn.benchmark = True
    else:
        DEVICE = torch.device("cpu")
    print("current␣deveice:", DEVICE)
    # load dataset for train and eval
    train_dataset = CIFAR10(root='dataset', train=True,
        transform=config.train_transform, download=True)
    train_data = DataLoader(train_dataset,
        batch_size=args.batch_size, shuffle=True, num_workers=16,
        pin_memory=True)
    eval_dataset = CIFAR10(root='dataset', train=False,
        transform=config.test_transform, download=True)
    eval_data = DataLoader(eval_dataset, batch_size=args.batch_size,
        shuffle=False, num_workers=16, pin_memory=True)
    model =net.SimCLRStage2(num_class=len(train_dataset.classes))
    .to(DEVICE)
    model.load_state_dict(torch.load(args.pre_model,
        map_location='cpu'),strict=False)
    loss_criterion = torch.nn.CrossEntropyLoss()
```

```
optimizer = torch.optim.Adam(model.fc.parameters(), lr=1e-3,
    weight_decay=1e-6)
os.makedirs(config.save_path, exist_ok=True)
for epoch in range(1,args.max_epoch+1):
    model.train()
    total_loss=0
    for batch, (data, target) in enumerate(train_data):
        data, target = data.to(DEVICE), target.to(DEVICE)
        pred = model(data)
        loss = loss_criterion(pred, target)
        optimizer.zero_grad()
        loss.backward()
        optimizer.step()
        total_loss += loss.item()
    print("epoch",epoch,"loss:", total_loss /
        len(train_dataset)*args.batch_size)
    with open(os.path.join(config.save_path, "stage2_loss.txt"),
        "a") as f:
        f.write(str(total_loss /
            len(train_dataset)*args.batch_size) + "␣")
    if epoch % 5==0:
        torch.save(model.state_dict(),
            os.path.join(config.save_path, 'model_stage2_epoch' +
            str(epoch) + '.pth'))
        model.eval()
        with torch.no_grad():
            print("batch", "␣" * 1, "top1␣acc", "␣" * 1, "top5␣
                acc")
            total_loss, total_correct_1, total_correct_5,
                total_num = 0.0, 0.0, 0.0, 0
            for batch, (data, target) in enumerate(train_data):
                data, target = data.to(DEVICE), target.to(DEVICE)
                pred = model(data)
                total_num += data.size(0)
```

```
                prediction = torch.argsort(pred, dim=-1,
                    descending=True)
                top1_acc = torch.sum((prediction[:, 0:1] ==
                    target.unsqueeze(dim=-1)).any(dim=-1).float())
                .item()
                top5_acc = torch.sum((prediction[:, 0:5] ==
                    target.unsqueeze(dim=-1)).any(dim=-1).float())
                .item()
                total_correct_1 += top1_acc
                total_correct_5 += top5_acc
                print("␣␣{:02}␣␣".format(batch + 1), "␣{:02.3f}%␣␣
                    ".format(top1_acc / data.size(0) * 100),
                      "{:02.3f}%␣␣".format(top5_acc / data.size(0)
                          * 100))
            print("all␣eval␣dataset:", "top1␣acc:␣
                {:02.3f}%".format(total_correct_1 / total_num *
                100),
                      "top5␣acc:{:02.3f}%".format(total_correct_5 /
                          total_num * 100))
            with open(os.path.join(config.save_path,
                "stage2_top1_acc.txt"), "a") as f:
                f.write(str(total_correct_1 / total_num * 100) + "␣
                    ")
            with open(os.path.join(config.save_path,
                "stage2_top5_acc.txt"), "a") as f:
                f.write(str(total_correct_5 / total_num * 100) + "␣
                    ")
if __name__ == '__main__':
    parser = argparse.ArgumentParser(description='Train␣SimCLR')
    parser.add_argument('--batch_size', default=200, type=int,
        help='')
    parser.add_argument('--max_epoch', default=200, type=int,
        help='')
    parser.add_argument('--pre_model', default=config.pre_model,
        type=str, help='')
```

```
    args = parser.parse_args()
    train(args)
```

训练并查看过程，使用 visdom 对训练过程保存的 loss、acc 进行可视化：

```
# showbyvisdom.py
import numpy as np
import visdom
def show_loss(path, name, step=1):
    with open(path, "r") as f:
        data = f.read()
    data = data.split("␣")[:-1]
    x = np.linspace(1, len(data) + 1, len(data)) * step
    y = []
    for i in range(len(data)):
        y.append(float(data[i]))
    vis = visdom.Visdom(env='loss')
    vis.line(X=x, Y=y, win=name, opts={'title': name, "xlabel":
        "epoch", "ylabel": name})
def compare2(path_1, path_2, title="xxx", legends=["a", "b"],
    x="epoch", step=20):
    with open(path_1, "r") as f:
        data_1 = f.read()
    data_1 = data_1.split("␣")[:-1]
    with open(path_2, "r") as f:
        data_2 = f.read()
    data_2 = data_2.split("␣")[:-1]
    x = np.linspace(1, len(data_1) + 1, len(data_1)) * step
    y = []
    for i in range(len(data_1)):
        y.append([float(data_1[i]), float(data_2[i])])
    vis = visdom.Visdom(env='loss')
    vis.line(X=x, Y=y, win="compare",
            opts={"title": "compare␣" + title, "legend": legends,
                "xlabel": "epoch", "ylabel": title})
if __name__ == "__main__":
```

```
    show_loss("stage1_loss.txt", "loss1")
    show_loss("stage2_loss.txt", "loss2")
    show_loss("stage2_top1_acc.txt", "acc1")
    show_loss("stage2_top5_acc.txt", "acc1")
    # compare2("precision1.txt", "precision2.txt",
        title="precision", step=20)
```

模型训练结束后，需要测试训练得到的模型效果，因此我们对验证集进行测试评估：

```
# eval.py
import torch,argparse
from torchvision.datasets import CIFAR10
import net,config
def eval(args):
    if torch.cuda.is_available() and config.use_gpu:
        DEVICE = torch.device("cuda:" + str(config.gpu_name))
        torch.backends.cudnn.benchmark = True
    else:
        DEVICE = torch.device("cpu")
    eval_dataset=CIFAR10(root='dataset', train=False,
        transform=config.test_transform, download=True)
    eval_data=torch.utils.data.DataLoader(eval_dataset,
    batch_size=args.batch_size, shuffle=False, num_workers=16, )
    model=net.SimCLRStage2(num_class=len(eval_dataset.classes))
    .to(DEVICE)
    model.load_state_dict(torch.load(config.pre_model,
        map_location='cpu'), strict=False)
    # total_correct_1, total_correct_5, total_num, data_bar = 0.0,
        0.0, 0.0, 0, tqdm(eval_data)
    total_correct_1, total_correct_5, total_num = 0.0, 0.0, 0.0
    model.eval()
    with torch.no_grad():
        print("batch", "␣"*1, "top1␣acc", "␣"*1,"top5␣acc" )
        for batch, (data, target) in enumerate(eval_data):
            data, target = data.to(DEVICE) ,target.to(DEVICE)
```

```
            pred=model(data)
            total_num += data.size(0)
            prediction = torch.argsort(pred, dim=-1, descending=True)
            top1_acc = torch.sum((prediction[:, 0:1] ==
                target.unsqueeze(dim=-1)).any(dim=-1).float()).item()
            top5_acc = torch.sum((prediction[:, 0:5] ==
                target.unsqueeze(dim=-1)).any(dim=-1).float()).item()
            total_correct_1 += top1_acc
            total_correct_5 += top5_acc
            print("␣␣{:02}␣␣".format(batch+1),"␣{:02.3f}%␣␣
                ".format(top1_acc / data.size(0) * 100),"{:02.3f}%␣␣
                ".format(top5_acc / data.size(0) * 100))
        print("all␣eval␣dataset:","top1␣acc:␣
            {:02.3f}%".format(total_correct_1 / total_num * 100),
            "top5␣acc:{:02.3f}%".format(total_correct_5 / total_num *
            100))
if __name__ == '__main__':
    parser = argparse.ArgumentParser(description='test␣SimCLR')
    parser.add_argument('--batch_size', default=512, type=int,
        help='')
    args = parser.parse_args()
    eval(args)
```

最后，为了更加清楚地表现出模型分类的效果，我们自定义几张图片进行测试，并通过模型对图片进行分类，方便人们可以直观地看到模型的分类结果：

```
# test.py
import torch,argparse
import net,config
from torchvision.datasets import CIFAR10
import cv2
def show_CIFAR10(index):
    eval_dataset=CIFAR10(root='dataset', train=False, download=False)
    print(eval_dataset.__len__())
    print(eval_dataset.class_to_idx,eval_dataset.classes)
    img, target=eval_dataset[index][0], eval_dataset[index][1]
```

```
    import matplotlib.pyplot as plt
    plt.figure(str(target))
    plt.imshow(img)
    plt.show()
def test(args):
    classes={'airplane': 0, 'automobile': 1, 'bird': 2, 'cat': 3,
        'deer': 4, 'dog': 5, 'frog': 6, 'horse': 7, 'ship': 8,
        'truck': 9}
    index2class=[x for x in classes.keys()]
    print("calss:",index2class)
    if torch.cuda.is_available() and config.use_gpu:
        DEVICE = torch.device("cuda:" + str(config.gpu_name))
        torch.backends.cudnn.benchmark = True
    else:
        DEVICE = torch.device("cpu")
    transform = config.test_transform
    ori_img=cv2.imread(args.img_path,1)
    img=cv2.resize(ori_img,(32,32))
    img=transform(img).unsqueeze(dim=0).to(DEVICE)
    model=net.SimCLRStage2(num_class=10).to(DEVICE)
    model.load_state_dict(torch.load(args.pre_model,
        map_location='cpu'), strict=False)
    pred = model(img)
    prediction = torch.argsort(pred, dim=-1, descending=True)
    label=index2class[prediction[:, 0:1].item()]
    cv2.putText(ori_img,"this␣is␣
        "+label,(30,30),cv2.FONT_HERSHEY_DUPLEX,1, (0,255,0), 1)
    cv2.imshow(label,ori_img)
    cv2.waitKey(0)
if __name__ == '__main__':
    # show_CIFAR10(2)
    parser = argparse.ArgumentParser(description='test␣SimCLR')
    parser.add_argument('--pre_model', default=config.pre_model,
        type=str, help='')
```

```
parser.add_argument('--img_path', default="bird.jpg", type=str,
    help='')
args = parser.parse_args()
test(args)
```

11.4.3　结果展示

我们的目的是通过利用对比学习 SimCLR 网络框架使用无监督的数据进行特征提取的同时为下一阶段的下游任务提供模型参数。因此，在多类别图像数据集的基础上，可以通过可视化展示数据通过 SimCLR 网络框架后得到的模型是否可以满足我们的需求进行图片分类。输入图像如图 11.10 所示，我们选取了 3 张现实生活中的图片进行测试。

图 11.10　输入数据示例

如图 11.11 所示，通过观察可以看出，输出数据左上角显示了每个样本的分类结果，模型完全可以满足图片分类的需要：不同类别的图像可以被准确地分配到正确的类中，说明通过对比学习利用无监督数据进行特征提取能够减少标注数据的负担，同时所使用的模型可以学习到一种通用的特征表达用于下游任务。

图 11.11　输出数据示例

11.5　本章小结

本章介绍了对比学习的概念，对比学习着重于学习同类实例之间的共同特征，区分非同类实例之间的不同之处，模型简单，且具有较强的泛化能力。针对监督学习中需要花费大量时间和资源进行数据标记的问题，人们通过使用能够自主发现数据潜在结构并能节省硬件资源的无监督对比学习进行处理。本章对对比学习的基本思想、正负样例的构造、对比损失的种类进行介绍，并对基于对比学习提出的经典模型 (SimCLR 和 MoCo) 进行了分析。对比学习在实际生活中应用广泛，可以用于实现不同的下游任务，例如：图像分类、目标检测、行为识别以及聚类等领域。在处理实际问题当中，对比学习方法具有简单性、泛化性等优点，从而使得对比学习成为目前无监督学习的一个主要研究方向。

11.6 习题

（1）对如下定义的原始对比损失进行梯度的计算。

$$L[W,(Y,X_1,X_2)] = \frac{1}{2N}\sum_{n=1}^{N} YD_W^2 + (1-Y)\max(m-D_W,0)^2$$

其中 $D_W(X_1,X_2) = \|X_1 - X_2\|_2 = \left(\sum_{i=1}^{P}\left(X_1^i - X_2^i\right)^2\right)^{\frac{1}{2}}$，代表两个样本特征 X_1 和 X_2 的欧氏距离。P 表示样本的特征维数，Y 为两个样本是否匹配的标签，$Y=1$ 代表两个样本相似或者匹配，$Y=0$ 则代表不匹配，m 为设定的阈值，N 为样本个数。

（2）理解广义对比损失并分析广义对比损失与互信息之间的关系。广义对比损失的表达形式如下：

$$\mathcal{L}_{\text{generalized contrastive}} = \mathcal{L}_{\text{alignment}} + \lambda\mathcal{L}_{\text{distribution}}$$

第一项作用为拉近正样本对之间的距离，第二项作用为让负样本服从给定的先验分布。

（3）解释对比损失中温度系数的作用。

（4）深度学习中模型塌陷是指不论输入什么数据，最终经过函数映射，被映射成同一个嵌入向量，所有输入对应的嵌入向量都是一样的，这意味着映射函数没有编码任何有用的信息。对比学习模型如何防止模型坍塌？

（5）对比损失三元组损失中三元组之间是否是相关的，请加以推导。

（6）请简述对比学习的基本思想以及其解决什么问题。

第 12 章　强化学习

在 2016 年，由 Google DeepMind 开发的 AlphaGo 程序在人机围棋对弈中打败了韩国的围棋大师李世石。就如同 1997 年 IBM 的"深蓝"计算机战胜了国际象棋大师卡斯帕罗夫一样，至此属于人工智能的时代开始来临。强化学习可以应用于很多不同的领域里，如玩游戏、资源调度、自动控制、用户交互等。

12.1　引言

在机器学习里，范式主要分为监督学习、无监督学习和强化学习，三者之间的关系的如图 12.1 所示。强化学习是机器学习的一个分支组成部分，但是却与机器学习当中常见的监督学习和无监督学习不同。具体而言，强化学习是一种通过交互的目标导向学习方法，旨在找到连续时间序列的最优策略；监督学习是通过有标签的数据学习规则，通常指回归、分类问题；非监督学习是通过无标签的数据找到其中的隐藏模式，通常指聚类、降维等算法。由于近些年来的技术突破，和深度学习的整合，使得强化学习有了进一步的运用。比如让计算机学着玩游戏，AlphaGo 挑战世界围棋高手，都是强化学习非常擅长的领域。强化学习可以让你的程序从对当前环境完全陌生，成长为一个在环境中游刃有余的高手。

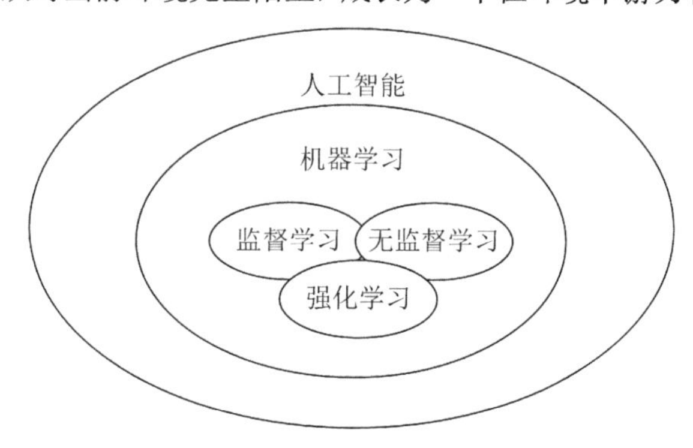

图 12.1　三者之间的关系

12.2 案例

悬崖寻路问题是指在一个 4×12 的网格中，智能体以网格的左下角位置为起点，网格的右下角位置为终点，目标是移动智能体到达终点位置，智能体每次可以在上、下、左、右这 4 个方向中移动一步，每移动一步会得到 −1 单位的奖励。

如图 12.2 所示，深色部分表示悬崖，数字代表智能体能够观测到的位置信息，总共会有 0 – 47 等 48 个不同的值，智能体在移动中会有以下限制：

（1）智能体不能移出网格，如果智能体想执行某个动作移出网格，那么这一步智能体不会移动，但是这个操作依然会得到 −1 单位的奖励。

（2）如果智能体“掉入悬崖”，那么会立即回到起点位置，并得到 −100 单位的奖励。

（3）当智能体移动到终点时，该回合结束，该回合总奖励为各步奖励之和。

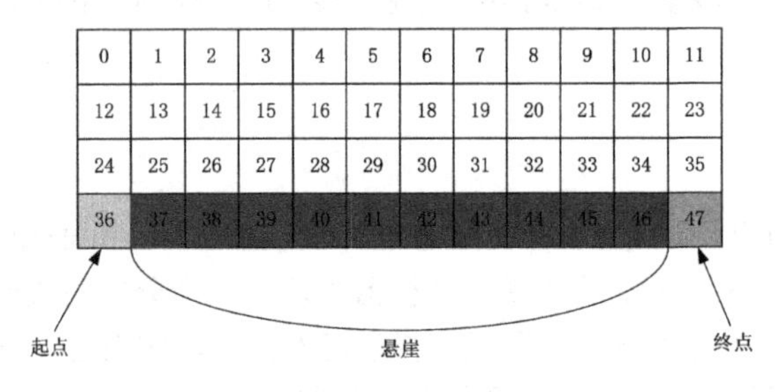

图 12.2 示例图

我们如何使用强化学习使得模型找到最优的路径？

12.3 强化学习

强化学习是机器学习领域众多算法中的一类，受到行为心理学的启发，主要关注智能体如何在环境中采取不同的动作，以最大限度地提高累积奖励。

强化学习主要由智能体、环境、状态、动作、奖励组成。智能体执行了某个动作后，环境将会转换到一个新的状态，对于该新的状态环境会给出奖励信号 (正奖励或者负奖励)。随后，智能体根据新的状态和环境反馈的奖励，按照一定的策略执行新的动作。上述过程为智能体和环境通过状态、动作、奖励进行交互的方式。智能体通过强化学习，可以知道自己在什么状态下，应该采取什么样的动作使得自身获得最大奖励。由于智能体与环境的交互方式和人类与环境的交互方式类似，可以认为强化学习是一套通用的学习框架，可用来解决通用人工智能的问题。因此强化学习也被称为通用人工智能的机器学习方法。下面是有关强化学习的几个比较重要的概念。

（1）智能体：强化学习的本体，作为学习者或者决策者。

（2）环境：强化学习智能体以外的一切，主要由状态集合组成。

（3）状态：一个表示环境的数据，状态集则是环境中所有可能的状态。

（4）动作：智能体可以做出动作，动作集则是智能体可以做出的所有动作。

（5）奖励：智能体在执行一个动作后，获得的正/负反馈信号，奖励集则是智能体可以获得的所有反馈信息。

（6）策略：强化学习是从环境状态到动作的映射学习，称该映射关系为策略。通俗的理解，即智能体如何选择动作的思考过程称为策略。

（7）目标：智能体自动寻找在连续时间序列里的最优策略，而最优策略通常指最大化长期累积奖励。因此，强化学习实际上是智能体在与环境进行交互的过程中，学会最佳决策序列。

状态和观察：一个状态 s 是一个关于这个事件状态的完整描述。在深度强化学习中，我们一般用实数向量、矩阵或者更高阶的张量表示状态和观察。如果智能体观察到环境的全部状态，我们通常说环境是被全面观察的。如果智能体只能观察到一部分，我们称为部分观察。

动作空间：不同的环境有不同的动作。所有有效动作的集合称为动作空间。有些环境，比如说围棋，属于离散动作空间，这种情况下智能体只能采取有限的动作。其他的一些环境，比如智能体在物理世界中控制机器人，属于连续动作空间。在连续动作空间中，动作是实数向量。

策略：策略是智能体用于决定下一步执行什么动作的规则。在深度强化学习中，我们处理的是参数化的策略，这些策略的输出，依赖于一系列计算函数，而这些函数又依赖于参数可以是确定性的，一般表示为 μ。

$$a_t = \mu_\theta(s_t) \tag{12.3.1}$$

也可以是随机的，一般表示为 π。

$$a_t \sim \pi_\theta(.|s_t) \tag{12.3.2}$$

运动轨迹：运动轨迹 τ 指的是状态和动作的序列。

$$\tau = (s_0, a_0, s_1, a_1, \cdots) \tag{12.3.3}$$

第一个状态 s_0，是从开始状态分布中随机采样的，有时候表示为 $\rho_0(\cdot)$

$$s_0 \sim \rho_0(\cdot) \tag{12.3.4}$$

状态转换 (从某一状态时间 t，s_t 到另一状态时间 t+1，s_{t+1} 会发生什么)，是由环境的自然法则确定的，并且只依赖于最近的动作 a_t。它们可以是确定性的，也可以是随机的。智能体的动作由策略确定。

$$s_{t+1} = f(s_t, a_t) \tag{12.3.5}$$

$$s_{t+1} = P(\cdot|s_t, a_t) \tag{12.3.6}$$

奖励和反馈：强化学习 (图 12.3) 中，奖励函数 R 非常重要。它由当前状态、已经执行的动作和下一步的状态共同决定。智能体的目标是最大化动作轨迹的累计奖励，这意味着有很多情况。我们会把所有的情况表示为 $R(\tau)$。

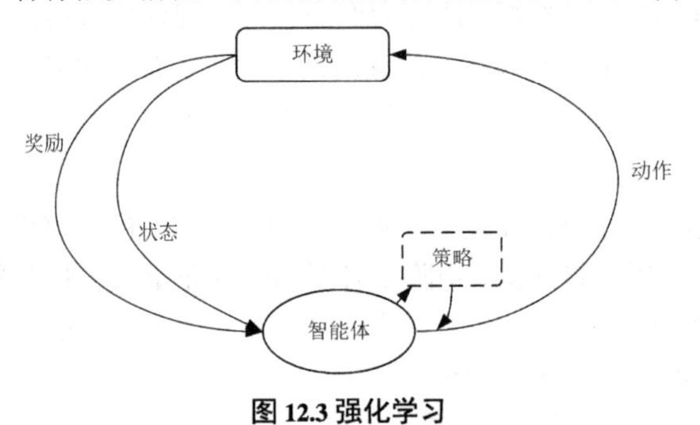

图 12.3 强化学习

$$r_t = R(s_t, a_t, s_{t+1}) \tag{12.3.7}$$

T 步累计奖赏，指的是在一个固定窗口步数 T 内获得的累计奖励。

$$R(\tau) = \sum_{t=0}^{T} r_t \tag{12.3.8}$$

另一种叫作 γ 折扣奖励，指的是智能体获得的全部奖励之和，但是奖励会因为获得的时间不同而衰减。这个公式包含衰减率 $\gamma \in (0,1)$，其主要原因是现在的奖励比未来的奖励要好，所以未来的奖励会衰减；数学角度上，无限多个奖励之和很可能不收敛，有了衰减率和适当的约束条件，数值才会收敛。

$$R(\tau) = \sum_{t=0}^{\infty} \gamma^t r_t \tag{12.3.9}$$

预期收益：预期收益（Expected Return）是强化学习中一个重要的概念，指的是在一个状态下，按照某个策略连续采取行动所得到的所有奖励的期望值。具体来说，假设智能体在状态 s_t 下采取一系列行动 $a_t, a_{t+1}, \cdots, a_T$，并获得对应的奖励 $r_t, r_{t+1}, \cdots, r_T$，则在策略 π 下的预期收益可以表示为：

$$J_t = \sum_{k=t}^{T} \gamma^{k-t} r_k$$

其中，γ 是折扣因子，用于平衡当前奖励与未来奖励的重要性。一般来说，γ 取值在 $[0,1]$ 之间，当 γ 较小时，智能体更加注重当前的奖励，而当 γ 较大时，智能体更加注重长期的奖励。

当智能体按照某个策略 π 采取行动时，每个状态下的预期收益都是不同的。我们可以用状态值函数 $V(s)$ 或动作值函数 $Q(s,a)$ 来表示在某个状态下的预期收益，具体来说：

（1）在状态 s 下，按照策略 π 的预期收益为 $V_\pi(s)$，表示从状态 s 开始，按照策略 π 进行行动直到终止时，所获得的总奖励的期望值。

（2）在状态 s 采取行动 a，然后按照策略 π 进行行动时，预期收益为 $Q_\pi(s,a)$，表示在状态 s 选择行动 a 并按照策略 π 进行行动直到终止时，所获得的总奖励的期望值。

预期收益是衡量一个智能体在某个状态下的行为好坏的重要指标，我们可以通过优化状态值函数或动作值函数来提高智能体的决策效果。

值函数：知道一个状态的值或者状态动作对其很有用。这里的值指的是，如果你从某一个状态或者状态动作开始，一直按照某个策略运行下去最终获得的期望回报。几乎是所有的强化学习方法，都使用不同的形式的值函数。下面介绍 4 种主要的函数。

（1）同策略值函数：$V^\pi(s)$，从某一个状态 s 开始，之后每一步动作都按照策略 π 执行。

$$V^\pi(s)=E_{\tau\sim\pi}[R(\tau)|s_0=s] \tag{12.3.10}$$

（2）同策略动作–值函数：$Q^\pi(s,a)$，从某一个状态 s 开始，先随便执行一个动作 a (有可能不是按照策略走的)，之后每一步都按照固定的策略执行 π。

$$Q^\pi(s,a)=E_{\tau\sim\pi}[R(\tau)|s_0=s,a_0=a] \tag{12.3.11}$$

（3）最优值函数：$V^*(s)$，从某一个状态 s 开始，之后每一步都按照最优策略 π 执行。

$$V^*(s)=\max_\pi E_{\tau\sim\pi}[R(\tau)|s_0=s] \tag{12.3.12}$$

（4）最优动作-值函数：$Q^*(s,a)$，从某一个状态 s 开始，先随便执行一个动作 a (有可能不是按照策略走的)，之后每一步都按照最优策略执行 π。

$$Q^*(s,a)=\max_\pi E_{\tau\sim\pi}[R(\tau)|s_0=s,a_0=a] \tag{12.3.13}$$

最优 Q 函数和最优动作：最优动作-值函数 $Q^*(s,a)$ 和被最优策略选中的动作有重要的联系。从定义上讲，$Q^*(s,a)$ 指的是从一个状态 s 开始，任意执行一个动作 a，然后一直按照最优策略执行下去所获得的回报。

最优策略 s 会选择从状态 s 开始选择能够最大化期望回报的动作。所以如果我们有了 Q^*，就可以通过下面的公式直接获得最优动作：

$$a^*(s) = \arg\max_a Q^*(s,a) \tag{12.3.14}$$

注意：可能会有多个动作能够最大化 $Q^*(s,a)$，这种情况下，它们都是最优动作，最优策略可能会从中随机选择一个。但是总会存在一个最优策略使每一步选择动作是确定的。

贝尔曼方程：全部四个值函数都遵守自一致性的方程叫作贝尔曼方程，贝尔曼方程的基本思想如下

同策略值函数的贝尔曼方程

$$V^\pi(s) = E_{a\sim\pi,s'\sim P}[r(s,a) + \gamma V^\pi(s')] \tag{12.3.15}$$

$$Q^\pi(s,a) = E_{s'\sim P}[r(s,a) + \gamma E_{a'\sim\pi}[Q^\pi(s',a')]] \tag{12.3.16}$$

$s' \sim P$ 是 $s' \sim P(\cdot|s,a)$ 的简写，表明下一个状态 s' 是按照转换规则从环境中抽样得到的；$a \sim \pi$ 是 $a \sim \pi(\cdot|s)$ 的简写；$a' \sim \pi$ 是 $a' \sim \pi(\cdot|s')$ 的简写。

最优值函数的贝尔曼方程是

$$V^*(s) = \max_a E_{s'\sim P}[r(s,a), \gamma V^*(s')] \tag{12.3.17}$$

$$Q^*(s,a) = E_{s'\sim P}[r(s,a) + \gamma \max_{a'} Q^*(s',a')] \tag{12.3.18}$$

同策略值函数和最优值函数的贝尔曼方程最大的区别在于，同策略值函数的贝尔曼方程中使用的是当前策略 π 的动作选择，而最优策略值函数的贝尔曼方程中使用的是最优动作的选择。因此，同策略值函数只能反映当前策略下的值，而最优策略值函数则反映了所有可能策略下的最优值。这表明智能体在选择下一步动作时，为了做出最优动作，它必须选择能获得最大值的动作。

贝尔曼算子和贝尔曼方程是强化学习中密切相关的两个概念，它们之间有着紧密的数学关系。贝尔曼方程是描述状态值函数的递归关系的方程，它可以写成以下形式：

$$V(s) = \sum_a \pi(a|s) \sum_{s',r} p(s',r|s,a)[r + \gamma V(s')]$$

其中，$V(s)$ 表示在状态 s 下的价值函数，$\pi(a|s)$ 表示在状态s 下执行动作 a 的概率，$p(s',r|s,a)$ 表示在状态 s 下执行动作 a 后转移到状态 s' 并获得奖励 r 的概率，γ 是折扣因子，用于平衡即时奖励和未来奖励的重要性。

贝尔曼算子是一个将状态值函数映射到自身的函数，它可以写成以下形式：

$$T(V)(s) = \sum_a \pi(a|s) \sum_{s',r} p(s',r|s,a)[r + \gamma V(s')]$$

其中，$T(V)$ 表示将状态值函数 V 映射到下一个状态的价值上。贝尔曼方程和贝尔曼算子之间的关系可以用以下等式表示：

$$V = T(V)$$

也就是说，我们可以通过迭代贝尔曼算子 T，不断逼近贝尔曼方程的解，直到收敛为止。

贝尔曼算子和贝尔曼方程是强化学习中的核心概念，它们提供了一种基于价值函数的理论基础，可以用于求解各种强化学习问题。在实际应用中，我们通常使用迭代算法（如值迭代、策略迭代和 Q-learning 等）来逼近贝尔曼方程的解。

优势函数：强化学习中，有些时候我们不需要描述一个动作的绝对好坏，而只需要知道它相对于平均水平的优势。也就是说，我们只想知道一个动作的相对优势。

一个服从策略 π 的优势函数，描述的是它在状态 s 下采取行为 a 比随机选择一个行为好多少 (假设之后一直服从策略 π)。数学角度上，优势函数的定义为

$$A^{\pi}(s,a) = Q^{\pi}(s,a) - V^{\pi}(s) \tag{12.3.19}$$

对于强化学习，根据是否去学习环境来进行分类，通常被分为 Model-Free 和 Model-Base 两大类，其中 Model-Free 就是不去学习和理解环境，环境给出什么信息就是什么信息，常见的方法有 policy optimization 和 Q-learning。而 Model-Base 是去学习和理解环境，学会用一个模型来模拟环境，通过模拟的环境来得到反馈。也就是通过模拟环境预判接下来会发生的所有情况，然后选择最佳的情况。

Q-learning 算法采用增量更新方法来实现，所谓增量更新就是：新估计值 ← 旧估计值 + 步长 × [目标− 旧估计值]

一般采用如下的式子进行 Q 值的更新

$$Q(s,a) \leftarrow Q(s,a) + \alpha[R(s,a) + \gamma \max_{a} Q(S',a) - Q(s,a)] \tag{12.3.20}$$

其中 α 为步长，S' 是当前状态执行动作策略后观测到的下一个状态。迭代的贝尔曼方程为：

$$Q(s,a)_{\pi} = R(s,a) + \gamma \sum_{s'\in S} P(s'|s,a) \sum_{a'\in A} \pi(a'|s') Q_{\pi}(s',a') \tag{12.3.21}$$

在 Q-learning 中，通常采用贪心策略，把单步奖励和状态转移后可能取得的最大 Q 值和 $R(s,a) + \gamma \max_a Q(S',a)$ 当作每一步更新的目标。这里的目标恰好是在确定性环境中将贝尔曼最优算子作用在当前 Q 函数后对应函数在 (s,a) 的值。

下面是整个 Q-learning 算法的整个详细的求解过程 (表 12.1)。在非确定性环境下，需要将更新步长 α 从常数更改为满足以下条件的表达式

$$\sum_{t=0}^{\infty} \alpha_t(s,a) = \infty, \sum_{t=0}^{\infty} \alpha_t^2(s,a) < \infty \tag{12.3.22}$$

其中，$\alpha_t(s,a)$ 表示时刻 t 的更新步长，这样的规定是为了保证每个状态动作对都能被访问到无穷多次。

表 12.1 Q-learning 算法

输入参数: 设定探索系数 ϵ 和更新步长 $\alpha \in (0,1]$
输出:Q
1. 初始化任意 $s \in S$ 和 $a \in A$,初始化 $\hat{Q}(s,a)$
2. for:每一步 do
3. 初始化 s
4. **repeat**
5. 使用一种行为策略：$A = policy(Q,S)$
6. 执行动作 A , 观察得到奖励 R 和下一个状态 S'
7. $\hat{Q}(S',a)$:
8. $\hat{Q}(S,A) \leftarrow \hat{Q}(S,A) + \alpha[R + \gamma \max_a \hat{Q}(S',a) - \hat{Q}(S,A)]$
9. $s \leftarrow s'$
10. until S 是终止状态
11.end for

对于一个在确定性有限马尔科夫决策过程中执行 Q-learning 算法的智能体，如果它的奖励是有界的，它将其 Q 表初始化为有限值，采用表 12.1 中的 Q 值更新公式更新 Q 值，它的每一对状态动作对 (s,a) 都将被访问无穷多次且它的折扣因子 $\gamma \in [0,1]$ 。那么随着不断迭代更新，其 Q 表最终会收敛到 Q^*。

Q-learning 在学习的过程中，需要维护一个维度为 $|S| \times |A|$ 的 Q 表，当任务的状态空间和动作空间过大时，对于储存和计算的要求是极高的甚至是不可接受的。比如说，在一个视频游戏中，我们把视频的一帧当作状态输入，此时的状态空间的大小是极大的，以至于我们无法维护 Q 表。Deep Mind 提出了一种将 Q-learning 和深度学习相结合的 Deep Q Network (DQN) 方法，其使用深度卷积神经网络近似 Q 函数，这样不用维护一个 Q 表，而直接存储训练好的神经网络的参数，就可以针对输入的状态输出每个动作下 Q 值的估计。

下面将详细介绍一下强化学习中的 Sarsa 算法 (表 12.2)。并与上述的 Q-learning 算法进行对比。

Sarsa 算法和 Q-learning 算法都是经典的强化学习算法，它们的主要区别在于更新Q值的方式和目标策略的选择。

（1）Sarsa 算法是基于同策略的强化学习算法，它的更新方式是使用当前策略下采取的动作和下一个状态的奖励来更新当前状态动作对的 Q 值。具体地，对于一个状态动作对 (s,a)，Sarsa 算法的更新公式为：$Q(s,a) \leftarrow Q(s,a) + \alpha[r + \gamma Q(s',a') - Q(s,a)]$。其中，$\alpha$ 是学习率，r 是当前状态采取动作 a 后得到的奖励，γ 是折扣因子，s' 和 a' 是下一步状态和动作，它们都是基于当前策略得到的。

（2）Q-learning 算法是基于异策略的强化学习算法，它的更新方式是使用

表 12.2 Sarsa 算法

输入参数: 设定探索系数 ϵ 和更新步长 $\alpha \in (0,1]$
输出:Q
1.初始化任意 $s \in S$ 和 $a \in A$, 初始化 $\hat{Q}(s,a)$
2.for:每一步 do
3.　初始化 s
4.　使用一种行为策略：$A = policy(Q,S)$
5.　repeat
6.　　执行动作 A ,观察得到奖励 R 和下一个状态 S'
7.　　使用一种行为策略：$A' = policy(Q,S')$
8.　　$\hat{Q}(S',A')$:
9.　　　$Q(S,A) \leftarrow Q(S,A) + \alpha[R + \gamma Q(S',A') - Q(S,A)]$
10.　　S← S'; A← A'
11.　until S 是终止状态
12.end for

当前状态下采取最优动作和下一个状态的奖励来更新当前状态动作对的 Q 值。具体地，对于一个状态动作对 (s,a)，Q-learning 算法的更新公式为：$Q(s,a) \leftarrow Q(s,a) + \alpha[r + \gamma \max_{a'} Q(s',a') - Q(s,a)]$。其中，$\max_{a'} Q(s',a')$ 表示在下一步状态 s' 中采取最优动作 a' 时对应的Q 值，它是基于最优策略得到的。

因此，Sarsa 算法和 Q-learning 算法的主要不同在于更新 Q 值的方式和目标策略的选择。Sarsa 算法选择的是当前策略下的动作，而 Q-learning 算法则选择的是最优策略下的动作。这导致 Sarsa 算法更加稳定但可能会收敛到次优策略，而 Q-learning 算法更倾向于收敛到全局最优策略但可能会存在较大的方差。因此，Sarsa 算法更适用于探索型任务，而 Q-learning 算法更适用于利用型任务。

12.4　案例求解

12.4.1　问题分析

为了解决上述的问题，我们采用 Q-learning 算法来解决上述的悬崖寻路问题。首先，我们需要初始化一个 Q 表用来放置状态 s 与对应的动作 a。其次，我们需要创建一个选择动作的功能。再次，我们需要创建一个环境。最后，根据算法编写参数更新步骤。

12.4.2　建立模型

```
import gym
import time
```

```
import numpy as np
class QLearningAgent(object):
    def __init__(self, obs_n, act_n, learning_rate=0.01, gamma=0.9,
        e_greed=0.1):
        self.act_n = act_n
        self.lr = learning_rate
        self.gamma = gamma
        self.epsilon = e_greed
        self.Q = np.zeros((obs_n, act_n))
    def sample(self, obs):
        if np.random.uniform(0, 1) < (1.0 - self.epsilon):
            action = self.predict(obs)
        else:
            action = np.random.choice(self.act_n)
        return action
    def predict(self, obs):
        Q_list = self.Q[obs, :]
        maxQ = np.max(Q_list)
        action_list = np.where(Q_list == maxQ)[0]
        action = np.random.choice(action_list)
        return action
    def learn(self, obs, action, reward, next_obs, done):
        predict_Q = self.Q[obs, action]
        if done:
            target_Q = reward
        else:
            target_Q = reward + self.gamma * np.max(self.Q[next_obs,
                :]) # Q-learning
        self.Q[obs, action] += self.lr * (target_Q - predict_Q)
    def save(self):
        npy_file = './q_table.npy'
        np.save(npy_file, self.Q)
        print(npy_file + 'saved.')
    def restore(self, npy_file='./q_table.npy'):
        self.Q = np.load(npy_file)
```

```
        print(npy_file + 'loaded.')

def run_episode(env, agent, render=False):
    total_steps = 0
    total_reward = 0
    obs = env.reset()
    while True:
        action = agent.sample(obs)
        next_obs, reward, done, _ = env.step(action)
        agent.learn(obs, action, reward, next_obs, done)
        obs = next_obs
        total_reward += reward
        total_steps += 1
        if render:
            env.render()
        if done:
            break
    return total_reward, total_steps

def test_episode(env, agent):
    total_reward = 0
    obs = env.reset()
    while True:
        action = agent.predict(obs)
        next_obs, reward, done, _ = env.step(action)
        total_reward += reward
        obs = next_obs
        time.sleep(0.5)
        env.render()
        if done:
            break
    return total_reward
```

```
if __name__ == '__main__':
    env = gym.make("CliffWalking-v0") # 0 up, 1 right, 2 down, 3 left
```

```
agent = QLearningAgent(
    obs_n=env.observation_space.n,
    act_n=env.action_space.n,
    learning_rate=0.1,
    gamma=0.9,
    e_greed=0.1)
for episode in range(500):
    ep_reward, ep_steps = run_episode(env, agent, False)
    print('Episode%s:steps=%s,reward=%.1f'%
        (episode,ep_steps,ep_reward))

test_reward = test_episode(env,agent)
print('test_reward=%.1f'%(test_reward))
```

12.5 本章小结

强化学习在解决一些问题上展现出了非常强大的学习能力。但是，单纯从性能角度来看，强化学习的表现其实不是那么好。例如在 MuJoCO 上，就有一些算法在硬件条件更差的条件下表现出来比强化学习更好的性能。再者，强化学习假设存在奖励函数。通常，这是给定的，或者可以通过手动设计并在学习过程中保持固定。你的奖励函数必须准确地与你想要实现的功能相匹配，如果你的奖励函数设计得不合理，那就很有可能出现非常不理想的结果。

12.6 习题

（1）假设强化学习的玩家是贪心的，也就是说，他总是把棋子移动到他认为最好的位置，而从不进行试探。比起一个非贪心的玩家，他会玩得更好，还是更差呢？可能会出现什么问题？

（2）假设学习更新发生在包括试探动作在内的所有动作之后，如果步长参数随着时间而适当减小 (试探的趋势并不减弱)，那么状态的价值将收敛到一组概率。我们从试探性的动作中学习，或者不从中学习，计算出两组概率 (从概念上说)，分别会是什么？假设我们继续进行试探性动作，哪一组概率对学习来说可能更好？哪一组更可能带来更大的胜率？

（3）如果不满足马尔科夫性怎么办？当前时刻的状态和它之前很多个状态都没有关系？

（4）在没有 MDP 模型时，可以先学习 MDP 模型 (例如使用随机策略进行采样，从样本中估计出转移函数和奖赏函数)，然后再使用有模型强化学习方法。试述该方法与无模型强化学习方法的优缺点。

（5）试推导出Sarsa算法更新公式 $Q_{t+1}^{\pi}(x,a) = Q_t^{\pi}(x,a)+\alpha[R_{x\to x'}^{a}+\gamma Q_t^{\pi}(x',a')-Q_t^{\pi}(x,a)]$。

（6）什么是策略迭代算法？什么是值迭代算法？两者的区别和联系是什么？

参考答案

第 2 章　回归分析

（1）y 平均减少 1.5 个单位。

（2）$\hat{y} = x + 1$。

（3）e_i 恒为 0，说明随机误差对 y_i的贡献为 0。

（4）随机误差。

（5）① $\hat{y} = 1.23 \times x + 0.08$；② 当 x=10 时，$\hat{y} = 1.23 \times 10 + 0.08 = 12.38$ (万元)。

（6）① $\hat{y} = 0.1962x + 1.8166$；② 当 $x = 150\text{m}^2$ 时，销售价格的估计值为：$\hat{y} = 0.1962 \times 150 + 1.8166 = 31.2466$(万元)。

第 3 章　决策树

（1）假设 α 确定，存在不止一个最优子树。假设有两个最优子树 T_a 和 T_b，对应要剪枝的内部节点为 t_a 和 t_b。因此，在 α 确定时，$C_\alpha(T_a) = C_\alpha(T_b)$。并且 $C_\alpha(t_a) \leqslant C_\alpha(T_{t_a})$，$C_\alpha(t_b) \leqslant C_\alpha(T_{t_b})$，那么，对于这样的最优子树，总可以进行进一步剪枝，使得损失函数变小 (在 T_a 中剪 t_b，在 T_b 中剪 t_a)，因此最优子树唯一。

（2）不失一般性，我们只证明 T_1 是区间 $[\alpha_1, \alpha_2)$ 内的最优子树就可以，设 $|T_0|$ 表示树 T_0 的叶子节点的个数，t，t_1，$\cdots$，$t_{|T_0|-1}$ 表示内部节点，T_0 剪去 T_t 得到子树 T_1，因为

$$\alpha_1 = \frac{C(t) - c(T_t)}{|T_t| - 1}$$

且有

$$\alpha_1 < \frac{C(t_i) - c(T_{t_i})}{|T_{t_i}| - 1}; i = 1, 2, \cdots, |T_0| - 1$$

由此可以得到

$$C_{\alpha_0}(T_0) = C_{\alpha_1}(T_1)$$

当对 T_1 进行剪枝得到 T_2 时，因为得到的子树序列是嵌套的，也就是 T_1 是 T_0 的子树，T_2 是 T_1 的子树等，又因为 T_1 的内部节点有 t_{11}，t_{12}，$\cdots$，$t_{1|T_1|}$，由子树序列的蕴含关系可知集合 $\{t_{11}, t_{12}, \cdots, t_{1|T_1|}\}$ 是集合 $\{t_1, \cdots, t_{|T_0|-1}\}$ 的子集。所以对于任意的 $\alpha' \in [\alpha_1, \alpha_2)$，均使得下式成立

$$C_{\alpha'}(T_{t_{1j}}) < C_{\alpha'}(t_{1j}), j = 1, ..., |T_1|$$

上式表明，当 α 在区间 $[\alpha_1, \alpha_2)$ 取值时，在树 T_1 上剪去任何子树都会使新得到的子树有比树 T_1 更大的损失。因此，树 T_1 是区间 $[\alpha_1, \alpha_2)$ 内的最优子树。

（3）一个包含 m 个叶节点的均衡二叉树的深度为 $log_2(m)$。通常来说，二元决策树训练到最后大体都是平衡的，如果不加以限制，最后平均每个叶节点一个实

例。因此，如果训练集包含 100 万个实例，那么决策树深度约等于 $log_2(10^6)=20$ 层 (实际上会更多，因为决策树通常不可能完美平衡)。

（4）一个节点的基尼不纯度通常比其父节点低。这是通过 CART 训练算法的成本函数确保的。该算法分裂每个节点的方法，就是使其子节点的基尼不纯度的加权之和最小。但是，如果一个子节点的不纯度远小于另一个，那么也有可能使子节点的基尼不纯度比其父节点高，只要那个不纯度更低的子节点能够抵偿这个增加即可。举例来说，假设一个节点包含 4 个 A 类别的实例和 1 个 B 类别的实例，其基尼不纯度等于 0.32。现在我们假设数据集是一维的，并且实例的排列顺序为：A，B，A，A，A。你可以验证，算法将在第二个实例后拆分该节点，从而生成两个子节点所包含的实例分别为 A，B 和 A，A，A。第一个子节点的基尼不纯度为 0.5，比其父节点要高。这是因为第二个子节点是纯的，所以总的加权基尼不纯度等于 0.2，低于父节点的基尼不纯度。

（5）如果决策树过度拟合训练集，降低最大深度可能是一个好主意，因为这会限制模型，使其正则化。

（6）决策树的优点之一就是它们不关心训练数据是否缩放或是集中，所以如果决策树对训练集拟合不足，缩放输入特征是不必要的。

第 4 章　贝叶斯分类器

（1）训练集上，很多样本的取值可能并不在其中，但是这不并代表这种情况发生的概率为 0，因为未被观测到，并不代表出现的概率为 0。在概率估计时，通常解决这个问题的方法是要进行平滑处理，常用拉普拉斯修正。

（2）朴素贝叶斯分类方法原理　　基于属性的条件独立假设

$$P(X=x|Y=c_k)P(X^{(1)}=x^{(1)},\cdots,X^{(n)}=x^{(n)}|Y=c_k)$$
$$=\prod_{j=1}^{n}P(X^{(j)}=x^{(j)}|Y=c_k)$$

朴素贝叶斯基本公式：

$$P(Y=c_k|X=x)=\frac{P(Y=c_k)\prod_j P(X^{(j)}=x^{(j)}|Y=c_k)}{\sum\limits_k P(Y=c_k)\prod_j P(X^{(j)}=x^{(j)}|Y=c_k)},k=1,2,\cdots,K$$

朴素贝叶斯分类器为：

$$y=arg\max_{c_k}P(Y=c_k)P(X^{(j)}=x^{(j)}|Y=c_k)$$

朴素贝叶斯分类方法步骤

① 计算先验概率及条件概率

$$P(Y=c_k)=\frac{\sum\limits_{i=1}^{N}I(y_i=c_k)}{N}P(Y=c_k),k=1,2,\cdots,K$$

$$P(X^{(j)} = a_{jl}|Y = c_k) = \frac{\sum_{i=1}^{N} I(x_i^{(j)} = a_{ji}, y_i = c_k)}{\sum_{i=1}^{N} I(y_i = c_k)} P(Y = c_k)$$

$$j = 1,2,\cdots,n; i = 1,2,\cdots,S_j; k = 1,2,\cdots,K$$

② 对于给定的实例 $x = (x^{(1)}, x^{(2)}, \cdots, x^{(n)})^T$ 计算

$$P(Y = c_k) = \prod_{j}^{n} P(X^{(j)} = x^{(j)}|Y = c_k), k = 1,2,\cdots,K$$

③ 确定实例 x 的类

$$y = arg\max_{c_k} P(Y = c_k)P(X^{(j)} = x^{(j)}|Y = c_k)$$

（3）优点：需调参较少，简单高效，尤其是在文本分类/垃圾文本过滤/情感判别等自然语言处理有广泛应用；在样本量较少情况下，也能获得较好效果，计算复杂度较小，即使在多分类问题；无论是类别型输入还是数值型输入 (默认符合正态分布) 都有相应模型可以运用。缺点：假设的属性独立实际上不存在，属性间是存在关联的，这会导致部分分类结果不准确。

（4）对于分类任务来说，只要各类别的条件概率排序正确，是无须精准概率值即可正确分类。如果属性间依赖对所有类别影响相同，或依赖关系的影响能相互抵消，则属性条件独立性假设在降低计算开销的同时不会对性能产生负面影响。由于在现实世界中，大多数特征虽不能独立，但大多呈现弱相关性，所以对于模型即使有影响也不是很大。参考文章 *On the Optimality of the Simple Bayesian Classifier under Zero-One Loss*，本例题出自该论文。

（5）朴素贝叶斯是一种对异常值不敏感的分类器，保留数据中的异常值，常常可以保持贝叶斯算法的整体精度，如果对原始数据进行降噪训练，分类器可能会因为失去部分异常值的信息而导致泛化能力下降。

（6）略。

第 5 章　人工神经网络

（1）反证法，假设存在 $w = (w_1, w_2)^{\mathrm{T}} \in \mathrm{R}^2$ ，使得所有的正实例点和负实例点被正确分类，我们有

$$\begin{cases} (w \cdot (0,0)^{\mathrm{T}} + b) < 0 \\ (w \cdot (1,1)^{\mathrm{T}} + b) < 0 \\ (w \cdot (0,1)^{\mathrm{T}} + b) > 0 \\ (w \cdot (1,0)^{\mathrm{T}} + b) > 0 \end{cases} \Rightarrow \begin{cases} b < 0 & (1) \\ w_1 + w_2 + b < 0 & (2) \\ w_2 + b > 0 & (3) \\ w_1 + b > 0 & (4) \end{cases}$$

由上面的(3)(4)式可知： $w_1 + w_2 + 2b > 0$ ，两边同时减去 b 并联立(1)式，得

$w_1 + w_2 + b > -b > 0$，这与（2）式矛盾，因此对于任意的 $w \in \mathrm{R}^2, b \in \mathrm{R}$，感知机模型 $f(x) = sign(w \cdot x + b)$ 都存在误差分类点，也就是说感知机不能表示异或。

（2）BP 神经网络的隐节点采用输入模式与权向量的内积作为激活函数的自变量，而激活函数采用 Sigmoid 函数。各调参数对 BP 网络的输出具有同等地位的影响，因此BP神经网络是对非线性映射的全局逼近。而RBF 神经网络的隐节点采用输入模式与中心向量的距离（如欧式距离）作为函数的自变量，并使用径向基函数（如 Gaussian 函数）作为激活函数。神经元的输入离径向基函数中心越远，神经元的激活程度就越低（高斯函数）。RBF 网络的输出与部分调参数有关，RBF 神经网络因此具有“局部映射”特性。全局逼近网络一般学习速率很慢，无法满足实时性要求的应用。而拒不逼近网络学习速度快，有可能满足实时性要求的应用。

（3）参考本文反向传播算法推导过程。

（4）①重新设计网络模型：在深度神经网络中，梯度爆炸可以通过重新设计层数更少的网络来解决。使用更小的批尺寸对网络训练也有好处。在循环神经网络中，训练过程中在更少的先前时间步上进行更新可以缓解梯度爆炸问题。②使用 ReLU 激活函数：在深度多层感知机神经网络中，梯度爆炸的发生可能是因为激活函数，使用 ReLU 激活函数可以减少梯度爆炸。③使用权重正则化：如果梯度爆炸仍然存在，可以尝试另一种方法，即检查网络权重的大小，并惩罚产生较大权重值的损失函数。该过程被称为权重正则化，通常使用的是 L_1 惩罚项或 L_2 惩罚项。

（5）略。

（6）略。

第 6 章　支持向量机

（1）由于 x_1, x_2 为正例，x_3 为负例，所以对应的 $y_1 = y_2 = 1, y_3 = -1$，将其代入对偶问题

$$
\begin{aligned}
& \max_\alpha \sum_{i=1}^{n} \alpha_i - \frac{1}{2}\sum_{i=1}^{n}\sum_{j=1}^{n} \alpha_i\alpha_j y_i y_j x_i^{\mathrm{T}} x_j \\
= \; & \min_\alpha \frac{1}{2}\sum_{i=1}^{n}\sum_{j=1}^{n} \alpha_i\alpha_j y_i y_j x_i^{\mathrm{T}} x_j - \sum_{i=1}^{n} \alpha_i \\
= \; & \min_\alpha \frac{1}{2}\left(18\alpha_1^2 + 25\alpha_2^2 + 2\alpha_3^2 + 42\alpha_1\alpha_2 - 12\alpha_1\alpha_3 - 14\alpha_2\alpha_3\right) - \alpha_1 - \alpha_2 - \alpha_3
\end{aligned}
$$

由于约束条件 $\sum_{i=1}^{m} \alpha_i y_i = 0, \alpha_i \geqslant 0, i = 1, 2, , \cdots, m$，则有 $\alpha_1 + \alpha_2 - \alpha_3$，将 $\alpha_3 = \alpha_1 + \alpha_2$ 代入上式，得到

$$
s(\alpha_1, \alpha_2) = 4\alpha_1^2 + \frac{13}{2}\alpha_2^2 + 10\alpha_1\alpha_2 - 2\alpha_1 - 2\alpha_2
$$

分别对 α_1,α_2 求偏导并令其为 0，得到 $\alpha_1=\frac{3}{2},\alpha_2=-1$，但该点不满足约束条件 $\alpha_2<0$，所以最小值应该在边界点上。

当 $\alpha_1=0$ 时，求得最小值为 $-\frac{2}{13}$；当 $\alpha_2=0$ 时，求得最小值为 $-\frac{1}{4}$，对应的 $\alpha_1=\frac{1}{4}$。所以 $s(\alpha_1,\alpha_2)$ 在 $\alpha_1=\frac{1}{4},\alpha_2=0$ 处取得极小值，则 $\alpha_3=\alpha_1+\alpha_2=\frac{1}{4}$。所以原式的最小值在 $\alpha=(\frac{1}{4},0,\frac{1}{4})^{\mathrm{T}}$ 处取得。

将 $\alpha=(\frac{1}{4},0,\frac{1}{4})^{\mathrm{T}}$ 代入 $\boldsymbol{w}^*=\sum\limits_{i=1}^{n}\alpha_i^*y_ix_i$，解得 $\boldsymbol{w}_1^*=\boldsymbol{w}_2^*=\frac{1}{2}$。代入 $b^*=y_j-\sum\limits_{i=1}^{n}\alpha_i^*y_i(x_i^{\mathrm{T}}x_j)$，解得 $\boldsymbol{w}^*=-2$。

故，分类超平面方程为

$$\frac{1}{2}x^{(1)}+\frac{1}{2}x^{(2)}-2=0$$

分类决策函数为

$$f(x)=\mathrm{sign}\left[\frac{1}{2}x^{(l)}+\frac{1}{2}x^{(2)}-2\right]$$

（2）当训练数据线性可分时，存在无穷个分离超平面可以将两类数据正确分开。感知机利用误分类最小策略，求得分离超平面，不过此时的解有无穷多个。线性可分支持向量机利用间隔最大化求得最优分离超平面，这时，解是唯一的。另外，此时的分隔超平面所产生的分类结果是最鲁棒的，对未知实例的泛化能力最强。

（3）一是对偶问题往往更易求解，当我们寻找约束存在时的最优点的时候，约束的存在虽然减小了需要搜寻的范围，但是却使问题变得更加复杂。为了使问题变得易于处理，可以将目标函数和约束全部融入一个新的函数，即拉格朗日函数，再通过这个函数来寻找最优点。二是可以引入核函数，进而推广到非线性分类问题。

（4）当样本在原始空间线性不可分时，可将样本从原始空间映射到一个更高维的特征空间，使得样本在这个特征空间内线性可分。而引入这样的映射后，在对偶问题的求解中，无须求解真正的映射函数，只需要知道其核函数。一方面数据变成了高维空间中线性可分的数据，另一方面不需要求解具体的映射函数，只需要给定具体的核函数即可，这样使得求解的难度大大降低。

线性核函数：主要用于线性可分的情况。多项式核函数：一种非稳态核函数，适合于正交归一化后的数据。高斯核函数，也称为径向基核函数：具有很强的灵活性，应用广泛。大多数情况下有较好的性能。

（5）优点：①理论基础比较完善；②不仅适用于线性问题还适用于非线性问题 (用核技巧)；③由于支持向量机是一个凸优化问题，所以求得的解一定是全局最优而不是局部最优。

缺点：①对大规模数据训练比较困难；②无法直接支持多分类，但是可以使用间接的方法来做。

（6）支持向量机用于二元分类问题，对于多元分类可以将其分解为多个二元分类问题，再进行分类。常用在图像分类、文本分类、面部识别以及垃圾邮件检测等领域。

第7章　聚类

（1）缺点：受初值和离群点的影响每次的结果不稳定；结果通常不是全局最优而是局部最优解；无法很好地解决数据簇分布差别较大的情况；不太适用于离散分类。优点：对于大数据集，*K* 均值聚类算法相对是可伸缩和高效的，它的计算复杂度接近于线性，虽然经常以局部最优解结束，但是一般情况下达到局部最优已经可以满足聚类的需求。

（2）数据归一化和离群点处理：*K* 均值聚类本质上是一种基于欧式距离度量的数据划分方法，均值和方差大的维度将对数据的聚类结果产生决定性的影响，所以未做归一化处理和统一单位的数据是无法直接参与运算和比较的。同时，离群点或者少量的噪声数据就会对均值产生较大的影响，导致中心偏移，因此使用 *K* 均值聚类算法之前通常需要对数据做预处理，合理选择 *K* 值。

（3）若在一个簇的凸包之内，有其他簇的样本，就说明凸包相交。原型聚类，输出线性分类边界的聚类算法显然都是凸聚类。这样的算法有：*K* 均值；而曲线分类边界的也显然是非凸聚类，高斯混合聚类，在簇间方差不同时，其决策边界为弧线，所以高混合聚类为非凸聚类；AGNES 为凸聚类。

（4）使用最小距离合并聚类簇时，最终聚类结果趋于不同类别之间的“空隙”会更大；而最大距离约等于最小距离加上两个类别的离散程度，这里离散程度可理解为方差，方差越大，两个类别的最大距离越大，所以使用最大距离时，会尽量使得类别的方差尽量小，最终聚类结果也趋于类内更集中。类似于线性判别分析中类内方差尽量小，类间距离尽量大。

（5）略。

（6）略。

第8章　降维

（1）题目中给定的数据是二维的，设为 U 维和 V 维，即

$$U=(2,-1,0,0,-1)^{\mathrm{T}},\quad V=(1,-2,1,0,0)^{\mathrm{T}}$$

协方差的计算公式为：

$$\sum_{i,j}=\operatorname{cov}(U,V)=E\left[(U-E_U)(V-E_V)\right]$$

这里 $E_U=\left[\frac{1}{5}\cdot 2+\frac{1}{5}\cdot(-1)+\frac{1}{5}\cdot 0+\frac{1}{5}\cdot 0+\frac{1}{5}\cdot(-1)\right]=0$，同理 $E_V=0$ 。所以：$U-E_U=U,V-E_V=V$。

由于数据是二列的,所以协方差矩阵是一个 2×2 的矩阵：

$$C=\frac{1}{5}\begin{bmatrix}2&-1&0&0&-1\\1&-2&1&0&0\end{bmatrix}\begin{bmatrix}2&1\\-1&-2\\0&1\\0&0\\-1&0\end{bmatrix}=\frac{1}{5}\begin{bmatrix}6&4\\4&6\end{bmatrix}$$

求得上式的特征值：10 和 2，分别对应的特征向量为：

$$(1/\sqrt{2}\quad 1/\sqrt{2})\quad(1/\sqrt{2}\quad -1/\sqrt{2})$$

实现降维只需要将较大的特征值对应的特征向量作为行向量组成矩阵乘以原矩阵即可得到降维后的矩阵，即：

$$A=\begin{bmatrix}\frac{\sqrt{2}}{2}&\frac{\sqrt{2}}{2}\end{bmatrix}\cdot\begin{bmatrix}2&-1&0&0&-1\\1&-2&1&0&0\end{bmatrix}=\begin{bmatrix}\frac{3}{\sqrt{2}}&\frac{-3}{\sqrt{2}}&\frac{1}{\sqrt{2}}&0&\frac{-1}{\sqrt{2}}\end{bmatrix}$$

由此可得通过 PCA 把原来的 2 维数据降为 1 维。

（2）相同点：两者均可以对数据进行降维。两者在降维时均使用了矩阵特征分解的思想。两者都假设数据符合高斯分布。

不同点：LDA 是有监督的降维方法，而 PCA 是无监督的降维方法。LDA 降维最多降到类别数 $k-1$ 的维数，而 PCA 没有这个限制。LDA 除了可以用于降维，还可以用于分类。LDA 选择分类性能最好的投影方向，而 PCA 选择样本点投影具有最大方差的方向。

（3）首先计算类内散度矩阵：

$$S_b=\begin{bmatrix}20.5&13.5\\13.5&9\end{bmatrix}$$

类间散度矩阵：

$$S_w=\begin{bmatrix}2.5&-1.5\\-1.5&1\end{bmatrix}$$

计算：

$$S_w^{-1}S_b=\begin{bmatrix}163&108\\258&171\end{bmatrix}$$

计算特征值和特征矩阵：

$$\lambda = \begin{bmatrix} 3.34 & 0.027 \end{bmatrix}$$

$$\boldsymbol{W} = \begin{bmatrix} -0.53 & 0.55 \\ 0.83 & -0.84 \end{bmatrix}$$

选取最大的特征值及其对应的特征矩阵：

$$\boldsymbol{w} = \begin{bmatrix} 0.55 \\ -0.84 \end{bmatrix}$$

计算投影之后的点为：

$$y = \begin{bmatrix} -2.22 \\ -2.44 \\ 2.75 \\ 2.44 \end{bmatrix}$$

（4）降维的目的就是降噪和去冗余。降噪的目的就是使保留下来的维度间的相关性尽可能小，而去冗余的目的就是方差尽可能大，要最大化方差来保留更多的信息。协方差矩阵能同时表现不同维度间的相关性以及各个维度上的方差。协方差矩阵度量的是维度与维度之间的关系，而非样本与样本之间。协方差矩阵的主对角线上的元素是各个维度上的方差，其他元素是两两维度间的协方差。

降噪时，让保留下的不同维度间的相关性尽可能小，也就是说让协方差矩阵中非对角线元素都基本为零。达到这个目的的方式为矩阵对角化。

去冗余时，对角化后的协方差矩阵，对角线上较小的新方差对应的就是那些该去掉的维度。只取那些含有较大特征值的维度，其余的就舍掉即可。

（5）在实际应用中的小样本问题，比如在人脸图像识别中类内散度矩阵经常是奇异的，这是因为待识别的图像矢量的维数一般较高，而在实际问题中难以找到或根本不可能找到足够多的训练样本来保证可逆性。在这种情况下可采用的做法是先用 PCA 降维，再对降维后的数据使用 LDA。

（6）PCA 主要优点：仅仅需要以方差衡量信息量，不受数据集以外的因素影响。各主成分之间正交，可消除原始数据成分间的相互影响的因素。计算方法简单，主要运算是特征值分解，易于实现。

PCA 主要缺点：主成分各个特征维度的含义具有一定的模糊性，不如原始样本特征的解释性强。方差小的非主成分也可能含有对样本差异的重要信息，因此降维丢弃可能对后续数据处理有影响。

LDA 的主要优点：在降维过程中可以使用类别的先验知识经验，而像 PCA

这样的无监督学习则无法使用类别先验知识。LDA 在样本分类信息依赖均值而不是方差的时候，比 PCA 之类的算法较优。

主要缺点有：LDA 不适合对非高斯分布样本进行降维，PCA 也有这个问题。LDA 降维最多降到类别数 $k-1$ 的维数，如果降维的维度大于 $k-1$，则不能使用 LDA。LDA 在样本分类信息依赖方差而不是均值的时候，降维效果不好。LDA 可能过度拟合数据。

第 9 章　深度卷积网络

（1）AlexNet 有两个较大的创新点，一个是使用了 RelU 激活函数，加快了模型的学习过程；另一个就是加入了 Dropout，可以防止模型的过拟合。

（2）ResNet 的思想允许原始输入信息直接传到后面的层中，这样的话这一层的神经网络可以不用学习整个的输出，而是学习上一个网络输出的残差 (输出-输入)，因此 ResNet 又叫作残差网络。

（3）传统的卷积网络或者全连接网络在信息传递的时候或多或少会存在信息丢失、损耗等问题，同时还有导致梯度消失或者梯度爆炸，导致很深的网络无法训练。ResNet 在一定程度上解决了这个问题，通过直接将输入信息绕道传到输出，保护信息的完整性，整个网络只需要学习输入、输出差别的那一部分，简化学习目标和难度。

（4）Depthwise +Pointwise Convolution 是提供一种把 feature map 的空间信息 (height & width) 和通道信息 (channel) 拆分分别处理的方法，而 Group Convolution 只是单纯的通道分组处理，降低复杂度。

（5）ShuffleNet 中的 shuffle 指的是 channel shuffle，是将各部分的 feature map 的 channel 进行有序的打乱，构成新的 feature map，以解决 Group Convolution 带来的“信息流通不畅”问题。

（6）利用 Group Convolution 和 channel shuffle 这两个操作来设计卷积神经网络模型，以减少模型使用的参数数量。

第 10 章　生成对抗网络

（1）GAN 网络的主要灵感来源于博弈论中零和博弈的思想，应用到深度学习神经网络上来说，就是通过生成网络 G 和判别网络 D 不断博弈，进而使 G 学习到真实数据的分布。最初 GAN 网络被应用到图片生成上，则训练完成后，G 可以从一段随机数中生成逼真的图像。后来 GAN 的应用场景十分广泛，如图像生成、数据增强、图像编辑、恶意攻击检测、注意力预测、三维结构生成等。

（2）G 是一个生成式的网络，它接收一个随机的噪声 z (随机数)，通过这个噪声生成图像。D 是一个判别网络，判别一张图片是不是“真实的”。它的输入参数是 x，x 代表一张图片，输出 $D(x)$ 代表 x 为真实图片的概率，如果为 1，就代表 100% 是真实的图片，而输出为 0，就代表不可能是真实的图片训练过程中，生成网络 G 的目标就是尽量生成真实的图片去欺骗判别网络 D。而 D 的目标就是尽量辨别出 G 生成的假图像和真实的图像。这样，G 和 D 构成了一个动态的“博弈过程”，最终的平衡点即纳什均衡点。

（3）在最理想的状态下，G 可以生成足以“以假乱真”的图片 $G(z)$。对于 D 来说，它难以判定 G 生成的图片究竟是不是真实的，因此 $D(G(z)) = 0.5$。这样我们的目的就达成了：我们得到了一个生成式的模型 G，它可以用来生成图片。

（4）整个式子由两项构成。x 表示真实图片，z 表示输入 G 网络的噪声，而 $G(z)$ 表示 G 网络生成的图片。$D(x)$ 表示 D 网络判断真实图片是否真实的概率（因为 x 就是真实的，所以对于 D 来说，这个值越接近 1 越好）。而 $D(G(z))$ 是 D 网络判断 G 生成的图片的是否真实的概率。G 应该希望自己生成的图片“越接近真实越好”。也就是说，G 希望 $D(G(z))$ 尽可能的大，这时 $V(D,G)$ 会变小。因此我们看到式子的最前面的记号是 $\min\limits_{G}$。D 的能力越强，$D(x)$ 应该越大，$D(G(x))$ 应该越小，这时 $V(D,G)$ 会变大。因此式子对于 D 来说是求最大 $\max\limits_{D}$。

（5）优点：① GANs 是一种以半监督方式训练分类器的方法，在没有很多带标签的训练集的时候，可以不做任何修改的直接使用 GANs 的代码。② GAN 网络是一种生成式模型，相比较其他生成模型 (玻尔兹曼机和 GSNs) 只用到了反向传播，而不需要复杂的马尔科夫链。③ 相比其他所有模型，GAN 可以产生更加清晰、真实的样本。

缺点：① 训练 GAN 需要达到纳什均衡，有时候可以用梯度下降法做到，有时候做不到。② GAN 网络不适合处理离散形式的数据，比如文本。③ GAN 网络的训练不稳定。

（6）SGD 容易震荡，容易使 GAN 训练不稳定，GAN 的目的是在高维非凸的参数空间中找到纳什均衡点，GAN 的纳什均衡点是一个鞍点，但是 SGD 只会找到局部极小值，因为 SGD 解决的是一个寻找最小值的问题，GAN 是一个博弈问题。

第 11 章　对比学习

（1）$Y = 1$ (即样本相似时)，损失函数为 $L_S = \frac{1}{2N}\sum\limits_{N=1}^{N} D_W^2$，此时计算梯度为：

$$\frac{\partial L_S}{\partial W} = D_W \frac{\partial D_W}{\partial W}$$

即分别对 X_1 和 X_2 求偏导，更新梯度：

$$\frac{\partial L_S}{\partial W} = \begin{cases} \frac{\partial L_S}{\partial X_1} = D_W \frac{\partial D_W}{\partial X_1} = D_W \frac{\partial}{\partial X_1} \|X_1 - X_2\|_2 = D_W \frac{X_1 - X_2}{\|X_1 - X_2\|_2} = X_1 - X_2, D_W > m \\ \frac{\partial L_S}{\partial X_2} = D_W \frac{\partial D_W}{\partial X_2} = D_W \frac{\partial}{\partial X_2} \|X_1 - X_2\|_2 = D_W \frac{-(X_1 - X_2)}{\|X_1 - X_2\|_2} = -(X_1 - X_2), D_W < m \end{cases}$$

$Y=0$ (即样本不相似时)，损失函数为 $L_D=\frac{1}{2N}\sum(1-Y)\max(m-D_W,0)^2$，此时计算梯度为：

$$\frac{\partial L_D}{\partial W}=\begin{cases}0 & ,D_W>m\\ -(m-D_W)\frac{\partial D_W}{\partial W} & ,D_W<m\end{cases}$$

同理，当 $D_W<m$ 时，分别对 X_1 和 X_2 求偏导：

$$\frac{\partial L_D}{\partial W}=\begin{cases}\frac{\partial L_D}{\partial X_1}=-(m-D_W)\frac{\partial D_W}{\partial X_1}=-(m-D_W)\frac{X_1-X_2}{\|X_1-X_2\|_2}=-(m-D_W)\frac{X_1-X_2}{D_W}\\ \frac{\partial L_D}{\partial X_2}=-(m-D_W)\frac{\partial D_W}{\partial X_2}=-(m-D_W)\frac{-(X_1-X_2)}{\|X_1-X_2\|_2}=-(m-D_W)\frac{-(X_1-X_2)}{D_W}\end{cases}$$

（2）两个潜在变量 U 与 V 的互信息可以写为：

$$I(U;V)=H(U)-H(U\mid V)$$

将其与广义对比损失相比较，广义对比损失第一项作用在于拉近正类内部的相似性，即减少不同类之间的不确定性，与互信息中的第二项相对应，第二项的作用在于尽量使负类之间趋近于先验分布，这一损失将会尽量使得样本的熵最大，故而可以看作 $H(U)$ 在表征中的代理，当先验分布是均匀分布时，熵最大。

（3）温度系数 τ 虽然只是一个超参数，但它的设置直接影响了模型的效果。对于 Info NCE loss 中的 $q\cdot k$，温度系数可以用来控制其分布形状。对于既定的分布的形状，当 τ 值变大，则 $1/\tau$ 就变小，$q\cdot k/\tau$ 则会使得原来分布里的数值都变小，且经过指数运算之后，就变得更小了，导致原来的分布变得更平滑。相反，如果 τ 取得值小，$1/\tau$ 就变大，原来的分布里的数值就相应的变大，经过指数运算之后，就变得更大，使得这个分布变得更集中。

（4）在分子部分，Info NCE Loss 期望同一个样本的不同视角或变换在投影空间中越接近越好，这体现了对齐性这一要素，也就是相似性越大越好。之后，在分母部分，引入了负例来体现均匀性属性，即样本和负例越不相似，则相似性得分越低，代表在投影空间中距离越远，则损失函数就越小。通过引入众多负例，Info NCE Loss 可以使样本和负例之间在投影空间上相互推开，从而实现分布的均匀性。因此，Info NCE Loss 可以同时满足对齐性和均匀性这两个要素，防止模型坍塌。通过这种方式，模型可以学习到更好的特征表示，从而在各种任务中取得更好的性能。

（5）三元组损失的定义是最小化锚点和具有相同身份的正样本之间的距离，最小化锚点和具有不同身份的负样本之间的距离。三元组损失期望下式成立：

$$\forall\left[f(x_i^a),f\left(x_i^p\right),f(x_i^n)\right]\in\tau$$
$$\left\|f(x_i^a)-f\left(x_i^p\right)\right\|_2^2+\alpha<\left\|f(x_i^a)-f(x_i^n)\right\|_2^2$$

τ 为样本容量为 N 的数据集的各种三元组。根据上式，三元组损失可以写成：

$$L=\sum_{i}^{N}\left[\left\|f\left(x_i^a\right)-f\left(x_i^p\right)\right\|_2^2-\left\|f\left(x_i^a\right)-f\left(x_i^n\right)\right\|_2^2\right]+\alpha$$

对应的针对三个样本的梯度计算公式为：

$$\frac{\partial L}{\partial f\left(x_i^a\right)}=2\left[f\left(x_i^n\right)-f\left(x_i^p\right)\right]$$

$$\frac{\partial L}{\partial f\left(x_i^p\right)}=2\left[f\left(x_i^p\right)-f\left(x_i^a\right)\right]$$

$$\frac{\partial L}{\partial f\left(x_i^n\right)}=2\left[f\left(x_i^a\right)-f\left(x_i^p\right)\right]$$

这样我们可以看到这些个三元组的关系是联系紧密，又对称的。

（6）对比学习的基本思想就是相似的样本的向量距离要近，不相似的要远。对比学习是一种机器学习技术，通过训练模型哪些数据点相似或不同，来学习没有标签的数据集的一般特征。

绝大多数情况下，例如人脸数据集，或者医学影像数据集，这些数据集都是大规模的数据集，我们往往无法，或者没有精力、代价去将全部的数据集都作标注。通过网络爬虫等手段我们可以很快地采集相当数量的人脸数据集，然而将相当数量的图片做上标注在时间上是困难的；医学影像数据往往需要专业人士花费无数的时间来手动进行分类。对比学习解决了在数据仅有一部分标注的情况下，依然能使模型学习到相当好的效果的问题，通过对比学习得到的潜在表示可以很好应用于各种下游任务中。

第 12 章　强化学习

（1）通常会更差。因为贪心策略的玩家不能够从长期的新的行为探索中获得更优的收益。一个智能体学习过程是在探索新的行为以获得长期累积收益最大和每次仅做出对当前行为收益最大的二者之间的权衡。但是如果贪心算法能够确定获得每一个状态的情况，那么贪心就能够直接获得最优收益，当前我们面对的实际问题大多都不是这样的情况。

（2）假设不从试探中学习，那么我们每一步都做出当前最优的决策。如果我们从试探中学习，则在每一步中增加新动作的尝试的概率。通常在学习更新发生在包括试探动作在内的所有动作之后的情况下，第一种学习方法可能更好，因为它避免了动作收益曲线的波动，更容易带来更大的胜率。

（3）如果不满足马尔科夫性，强行只用当前的状态来决策，势必导致决策的片面性，得到不好的策略。为了解决这个问题，可以利用 RNN 对历史信息建模，获得包含历史信息的状态表征。表征过程可以使用注意力机制等手段。最后在表征状态空间求解 MDP 问题。

（4）若没有 MDP 模型，根据采样的方式学习出它的 P 和 R，但是有限的样本无法得出精确的 PR 值，而且不同的采样也会有不同的值，导致最终强化学习的结果不同。蒙特卡罗强化方法考虑采样轨迹，但每次都要采样一个轨迹才能更新策略的估计值，效率很低。

（5）记 $Q^{\pi}_{t+1}(x,a) = Q^{\pi}_{t}(x,a) + \frac{1}{t+1}(\gamma_{t+1} - Q^{\pi}_{t}(x,a))$ 为式 (1)，记 $Q^{\pi}(x,a) = \sum\limits_{x'\in X} P^{a}_{x\to x'} + \gamma V^{\pi}(x')$ 为式 (2)。由式 (1) 得 $Q^{\pi}_{t+1}(x,a) = \alpha\gamma_{t+1} + (1-\alpha)Q^{\pi}_{t}(x,a) = \alpha\gamma_{t+1}+\alpha(1-\alpha)\gamma_{t}+(1-\alpha)^2 Q^{\pi}_{t-1}(x,a)$ 等，以此类推得：$Q^{\pi}_{t}(x,a) = \alpha\sum\limits_{i=1}^{t}(1-\alpha)^{t-i}\gamma_{i}$。显然系数之和等于 $\alpha\frac{1}{1-(1-\alpha)} = 1$，且若 α 越大，则越靠后的奖赏系数越大，那么越靠后的累计奖励越重要。由式 (2) 得 $Q^{\pi}(x,a) = \sum\limits_{x'\in X} P^{a}_{x\to x'}(R^{a}_{x\to x'} + \gamma\sum\limits_{a'\in A}\pi(x',a')Q^{\pi}(x',a'))$，由于这时没有 P 和 R，所以不能通过全概率求出当前的期望 $Q^{\pi}(x,a)$，那么此时进行新的采样，得到 $\gamma_{t+1} = Q^{\pi}(x^*,a^*) = R^{a}_{x\to x^*} + \gamma Q^{\pi}(x^*,a^*)$。其中 x^* 是前一个状态 x 通过动作 a 后的得到的状态，a^* 是策略 π 在 x' 上选择的动作。此时不需要计算 P 和 π，将式 (2) 中与 x^*，y^* 相关的概率标记为 1，其他标记为 0。将上式 γ_{t+1} 带入式 (1) 中，并将 $\frac{1}{t+1}$ 替换为 α 即可得到上式。

（6）策略迭代算法：策略迭代包括策略评估和策略改善两个步骤。在策略评估中，给定策略，通过数值迭代算法不断计算该策略下每个状态的值函数，利用该数值迭代算法不断计算该策略下每个状态的值函数，利用该值函数和贪婪策略得到新的策略。如此循环下去，最终得到最优策略。这是一个策略收敛的过程。值迭代算法：基于策略迭代的方法是交替进行策略评估和策略改善。其中策略评估中需要迭代多次，以保证当前策略评估收敛。值迭代的方法则是在策略评估步只迭代一次。

附录一　矩阵相关知识

A.1　矩阵特征值

对于方阵 $\boldsymbol{A}$，$\boldsymbol{B}$，$\boldsymbol{C} \in R^{n\times n}$

1. 特征值：$\boldsymbol{A}\lambda = \lambda\xi$，$\lambda \in R$，$\xi \in R^n$；
2. $\boldsymbol{A} - \lambda\boldsymbol{I}$ 为 $\boldsymbol{A}$ 的特征矩阵；
3. 行列式 $\phi(\lambda) = |\boldsymbol{A} - \lambda\boldsymbol{I}|$；
4. 易知 $\boldsymbol{A}$ 的特征值 λ 为 $\phi(\lambda)$ 的根；
5. $\boldsymbol{AU} = \boldsymbol{U}\Lambda$，$\boldsymbol{U}^T\boldsymbol{U} = \boldsymbol{I}$，$\Lambda = diag(\lambda_1, \cdots, \lambda_n)$。

A.2　矩阵的秩

对于矩阵 $\boldsymbol{A} \in R^{m\times n}$

1. 行 (列) 秩：行 (列) 极大无关组中向量的个数，$\mathrm{rank(A)} \leqslant \mathrm{min(m, n)}$；
2. 秩：对于方阵 $\boldsymbol{A} \in R^{n\times n}$，行秩和列秩相等，成为矩阵的秩；
3. 初等变换不改变矩阵的秩；
4. $\mathrm{rank}(\lambda\mathrm{A}) = \lambda\mathrm{rank(A)}$，$\lambda \neq 0$，$\mathrm{rank(A)} = \mathrm{rank(A^T)}$；
5. $\mathrm{rank(A + B)} \leqslant \mathrm{rank(A)} + \mathrm{rank(B)}$；
6. $\mathrm{rank(AB)} \leqslant \mathrm{min(rank(A) + rank(B))}$；
7. $\mathrm{rank(PA)} = \mathrm{rank(A)} = \mathrm{rank(AQ)} = \mathrm{rank(PAQ)}$；若 $\boldsymbol{P}$，$\boldsymbol{Q}$ 是可逆矩阵。

A.3　矩阵的迹

对于方阵 $\boldsymbol{A}$，$\boldsymbol{B}$，$\boldsymbol{C} \in R^{n\times n}$

1. 迹：$\mathrm{tr(A)} = \sum_{\mathrm{i=1}}^{\mathrm{n}} \mathrm{a_{ii}} = \sum_{\mathrm{i=1}}^{\mathrm{n}} \lambda_{\mathrm{i}}$；
2. $\mathrm{tr(A)} = \mathrm{tr(A^T)}$，$\mathrm{tr}(\lambda\mathrm{A}) = \lambda\mathrm{tr(A^T)}$；
3. $\mathrm{tr(A + B)} = \mathrm{tr(A)} + \mathrm{tr(B)}$；
4. $\mathrm{tr(AB)} = \mathrm{tr(A)} + \mathrm{tr(B)}$；
5. $\mathrm{tr(AB)} = \mathrm{tr(BA)}$，$\mathrm{tr(ABC)} = \mathrm{tr(CAB)} = \mathrm{tr(BCA)}$。

A.4　正交矩阵和正交变换

正交矩阵：$\boldsymbol{A}$ 是 n 阶实矩阵，且 $\boldsymbol{U}^{\mathrm{T}}\boldsymbol{U} = \boldsymbol{U}\boldsymbol{U}^{\mathrm{T}} = \boldsymbol{I}$。

1. 设 $\boldsymbol{A}$ 为 n 阶矩阵，$\boldsymbol{U}$ 为 n 阶正交矩阵，称 $\boldsymbol{B}=\boldsymbol{U}^{\mathrm{T}}\boldsymbol{A}\boldsymbol{U}$ 为 $\boldsymbol{A}$ 的一个正交变换；
2. 特征值正交不变：设 λ 是 $\boldsymbol{A}$ 的一个特征值，考虑 $\boldsymbol{U}^{\mathrm{T}}\boldsymbol{A}\boldsymbol{U}-\lambda\boldsymbol{I}=\boldsymbol{U}^{\mathrm{T}}\lambda\boldsymbol{I}\boldsymbol{U}=\boldsymbol{U}^{\mathrm{T}}(\boldsymbol{A}-\lambda\boldsymbol{I})\boldsymbol{U}$；
3. 迹正交不变：$\mathrm{tr}(\mathrm{U}^{\mathrm{T}}\mathrm{AU})=\mathrm{tr}(\mathrm{AUU}^{\mathrm{T}})=\mathrm{tr}(\mathrm{A})$；
4. 行列式正交不变：$|\boldsymbol{U}^{\mathrm{T}}\boldsymbol{A}\boldsymbol{U}|=|\boldsymbol{U}^{\mathrm{T}}||\boldsymbol{A}||\boldsymbol{U}|=|\boldsymbol{A}||\boldsymbol{U}||\boldsymbol{U}^{\mathrm{T}}|=|\boldsymbol{A}||\boldsymbol{U}\boldsymbol{U}^{\mathrm{T}}|=|\boldsymbol{A}|$；
5. 如果 $\boldsymbol{B}=\boldsymbol{U}^{\mathrm{T}}\boldsymbol{A}\boldsymbol{U}$ 为对角阵：$\boldsymbol{U}^{\mathrm{T}}\boldsymbol{A}\boldsymbol{U}=\mathrm{diag}(\lambda_1,\cdots,\lambda_{\mathrm{n}})$，其中 $\boldsymbol{U}$ 为正交矩阵，那么，$\lambda_1,\lambda_2,\cdots,\lambda_n$ 为全部特征值。

A.5 正定矩阵

定义：$\boldsymbol{A}$ 是 n 阶方阵，如果对任意非零向量 x，都有 $x^{\mathrm{T}}\boldsymbol{A}\boldsymbol{x}>0$，就称 $\boldsymbol{A}$ 为正定矩阵。

1. 正定矩阵的行列式恒大于零；
2. 实对称矩阵 $\boldsymbol{A}$ 正定 $\Leftrightarrow$ $\boldsymbol{A}$ 与单位矩阵合同；
3. 两个正定矩阵的和是正定矩阵：
4. 正实数和正定矩阵的乘积是正定矩阵；

直观理解（半）正定：

$\boldsymbol{x}A\boldsymbol{x}\geqslant 0\Rightarrow \boldsymbol{x}^{\mathrm{T}}\boldsymbol{y}\geqslant 0(\boldsymbol{y}=A\boldsymbol{x})\Rightarrow cos(\theta)=\frac{\boldsymbol{x}^{\mathrm{T}}\boldsymbol{y}}{\|\boldsymbol{x}\|\|\boldsymbol{y}\|\geqslant 0}$

一个向量经过正交变换后与其本身的夹角小于或等于 90°。

A.6 向量与矩阵求导

1. $\dfrac{\partial\beta^{\mathrm{T}}\boldsymbol{x}}{\partial\boldsymbol{x}}=\beta,\quad \dfrac{\partial\boldsymbol{x}^{\mathrm{T}}\boldsymbol{x}}{\partial\boldsymbol{x}}=2\boldsymbol{x},\quad \dfrac{\partial\boldsymbol{x}^{\mathrm{T}}\boldsymbol{A}\boldsymbol{x}}{\partial\boldsymbol{x}}=(\boldsymbol{A}+\boldsymbol{A}^{\mathrm{T}})\boldsymbol{x}$;
2. $\dfrac{\partial\mathrm{tr(AB)}}{\partial\boldsymbol{A}}=\dfrac{\partial\mathrm{tr(BA)}}{\partial\boldsymbol{A}}=\boldsymbol{B}^{\mathrm{T}},\quad \dfrac{\partial\mathrm{tr(A^{T}B)}}{\partial\boldsymbol{A}}=\dfrac{\partial\mathrm{tr(BA^{T})}}{\partial\boldsymbol{A}}=\boldsymbol{B}$;
3. $\dfrac{\partial\mathrm{tr(A^{T}XB^{T})}}{\partial\boldsymbol{X}}=\dfrac{\partial\mathrm{tr(BX^{T}A)}}{\partial\boldsymbol{X}}=\boldsymbol{A}\boldsymbol{B}$;
4. $\dfrac{\partial\mathrm{tr(A^{T}XB^{T})}}{\partial\boldsymbol{X}}=\dfrac{\partial\mathrm{tr(BX^{T}A)}}{\partial\boldsymbol{X}}=\boldsymbol{A}\boldsymbol{B}$;
5. $\dfrac{\partial\mathrm{tr(XBX^{T}C)}}{\partial\boldsymbol{X}}=\boldsymbol{C}\boldsymbol{X}\boldsymbol{B}+\boldsymbol{C}^{\mathrm{T}}\boldsymbol{X}\boldsymbol{B}^{\mathrm{T}}$;
6. $\dfrac{\partial\mathrm{tr(XBX^{T}C)}}{\partial\boldsymbol{X}}=\boldsymbol{A}^{\mathrm{T}}\boldsymbol{X}^{\mathrm{T}}\boldsymbol{B}^{\mathrm{T}}+\boldsymbol{B}^{\mathrm{T}}\boldsymbol{X}^{\mathrm{T}}\boldsymbol{A}^{\mathrm{T}}$。

附录二　概率论相关知识

B.1　概率基础知识

随机试验：就是试验结果呈现出不确定性的试验，且满足以下三个条件：

1. 试验可在相同条件下重复进行；
2. 试验的可能结果不止一个，且所有可能结果可事先预知；
3. 每次试验的结果只有一个，但不能事先预知。

样本空间：随机试验的所有可能的结果组成的集合，该集合的元素称为样本点。对于抛掷硬币试验，样本空间={ 正面，反面 }，正面就是此样本空间的一个样本点。

随机事件：是样本空间的子集。在每次试验中，当且仅当该子集中的任意一个元素发生时，称该随机事件发生。

随机变量：是定义在样本空间上的映射。通常是将样本空间映射到数字空间，这样做的目的是方便引入高等数学的方法来研究随机现象。例如，在抛掷硬币试验中，将正面与 1 对应，反面与 0 对应，那么样本空间= { 正面，反面} 与随机变量 $X = \{1, 0\}$ 之间建立起了一一对应的关系。

需要指出的是，对于随机事件 A，P(A) 表示随机事件发生的概率；对于随机变量 X，P(X) 表示随机变量取值为 X 的概率。从某种意义上来说，与随机变量相比，随机事件更像是定义在样本空间上的随机常量。

条件概率：指事件 A在另外一个事件 B 已经发生条件下的发生概率。条件概率表示为：P(A|B)，读作“在 B 的条件下 A 的概率”。

$$P(A|B) = \frac{P(AB)}{P(B)}$$

联合概率：用来描述事件同时发生的概率，例如 A，B 两个事件同时发生的概率，记为 P(AB)。如果事件 A 和事件 B 相互独立，则有：

$$P(AB) = P(A) * P(B)$$

先验概率：这个概率是基于常识或者统计得到的一个概率值，一般只包含一个变量，如 P(Y) 来表示先验概率。

后验概率：根据观察到的样本修正之后的概率值。假设由 Y 得到 X 的概率为 P(X|Y)，那么由 X 再重新修正 Y，得到的就是 Y 的后验概率 P(Y|X) 。

全概率公式：对一复杂事件 A 的概率求解问题转化为了在不同情况下发生的简单事件的概率的求和问题。如果事件 B_1、B_2、$B_3 \cdots B_i$ 构成一个完备事件组，即它们两两互不相容，其和为全集；并且 $P(B_i)$ 大于 0，则对任一事件 A 有：

$$P(A) = \sum P(B_i) * P(A|B_i)$$

B.2 期望及其性质

设 $\xi, \eta, \xi_1, \xi_2, \cdots, \xi_n$ 均为随机变量，$\mathbb{E}(\xi) = \sum_i k_i p_i$（离散型）；$\mathbb{E}(\xi) = \int_{-\infty}^{+\infty} \xi f(\xi) d\xi$（连续型）；

1. $\mathbb{E}(C) = C$，若 C 为常数：
2. $\mathbb{E}(\sum\limits_{i=1}^{n} C_i\xi_i) = \sum\limits_{i=1}^{n} C_i\mathbb{E}(\xi_i)$，对任意常数 $C_i, i = 1, 2, \cdots, n$；
3. $\mathbb{E}(\xi_1 \cdots \xi_n) = \prod_{i=1}^{n} \mathbb{E}(x_i)$，若 $\xi_1, \xi_2, \cdots, \xi_n$ 相互独立。

B.3 方差及其性质

$\mathbb{D}(\xi) = \mathbb{E}(\xi - \mathbb{E}(\xi))^2 = \mathbb{E}(\xi^2) - \mathbb{E}^2(\xi)$；

1. $\mathbb{D}(C) = C$，若 C 为常数；
2. $\mathbb{D}(\sum_{i=1}^{n} C_i\xi_i) = \sum\limits_{i=1}^{n}\sum\limits_{j=1}^{n} C_iC_j\mathbb{E}(\xi_i - \mathbb{E}(\xi_i))\mathbb{E}(\xi_j - \mathbb{E}(\xi_j))$
   $= \sum\limits_{i=1}^{n} C_i^2\mathbb{D}(\xi_i) + \sum\limits_{i,j=1;i\neq j}^{n} C_iC_j\mathbb{E}(\xi_i - \mathbb{E}(\xi_i))\mathbb{E}(\xi_j - \mathbb{E}(\xi_j))$，对任意常数 $C_i, i = 1, 2, \cdots, n$；
3. $\mathbb{D}(\sum\limits_{i=1}^{n} C_i\xi_i) = \sum\limits_{i=1}^{n} C_i^2\mathbb{D}(\xi_i)$，若 $\xi_1, \xi_2, \cdots, \xi_n$ 相互独立。

B.4 协方差及其性质

$\mathrm{Cov}(\xi, \eta) = \mathbb{E}(\xi - \mathbb{E}\xi)(\eta - \mathbb{E}\eta)$；

1. $\mathbb{D}(C_1\xi + C_2\eta) = C_1^2\mathbb{D}(\xi) + C_2^2\mathbb{D}(\xi) + 2C_1C_2\mathrm{Cov}(\xi, \eta)$；
2. $\mathrm{Cov}\xi, \eta) = \mathrm{Cov}(\eta, \xi)$；
3. $\mathrm{Cov}(C_1\xi, C_2\eta) = C_1C_2\mathrm{Cov}(\xi, \eta)$；
4. $\mathrm{Cov}(\xi_1 + \xi_2, \eta) = \mathrm{Cov}(\xi_1, \eta) + \mathrm{Cov}(\xi_2, \eta)$；
5. $\mathrm{Cov}(\xi, \eta) = \mathbb{E}(\xi\eta) - \mathbb{E}(\xi)\mathbb{E}(\eta)$。

B.5 相关系数及其性质

$r_{\xi\eta} = \frac{\mathrm{Cov}(\xi,\eta)}{\sqrt{\mathbb{D}(\xi)\mathbb{D}(\eta)}}$；

1. $r_{\xi\eta} = 0$，或 $\mathrm{Cov}(\xi,\eta) = 0$，称 ξ 和 η 不相关；
2. $-1 \leqslant r_{\xi\eta} \leqslant 1$；
3. 若 ξ，η相互独立，则$r_{\xi\eta} = 0$；
4. 若$|r_{\xi\eta}| = 1 \Leftrightarrow \xi$ 与 η 以概率 1 线性相关；
5. $\mathrm{Cov}(\xi,\eta) = \mathbb{E}(\xi\eta) - \mathbb{E}(\xi)\mathbb{E}(\eta)$。

参考文献

[1] 周志华. 机器学习[M]. 北京: 清华大学出版社, 2016.
[2] 哈林顿. 机器学习实战[M]. 李锐, 译. 北京: 人民邮电出版社, 2012.
[3] 李航. 统计学习方法[M]. 北京: 清华大学出版社, 2016.
[4] 阿培丁. 机器学习导论[M]. 范明, 译. 北京: 机械工业出版社, 2016.
[5] GREGO J. Bayesian data analysis[J]. Computing in Science & Engineering, 2010, 46(3):363-364.
[6] 王洪春. 贝叶斯公式与贝叶斯统计[J]. 重庆科技学院学报：自然科学版, 2010(3):3.
[7] 思婷. 高尔顿与回归分析起源[EB/OL]. (2020-04-08)[2022.07.17]. https://ishare.iask.sina.com.cn/f/141CrMDLcWP.html.
[8] 机器学习-回归分析[EB/OL]. (2021-05-01)[2022.07.17]. https://blog.csdn.net/qq_41398808/article/details/116323362.
[9] 机器学习：多元线性回归公式推导及代码实战[EB/OL]. (2020.10.29)[2022.07.17]. https://blog.csdn.net/ZFX008/article/details/109351454.
[10] 燕江依. 多元线性回归算法和正规方程解[EB/OL]. (2019.08.05)[2022.07.17]. https://www.cnblogs.com/Yanjy-OnlyOne/p/11302588.html.
[11] 逻辑回归(Logistic Regression)详解[EB/OL]. (2022.04.14)[2022.07.17]. https://blog.csdn.net/weixin_60737527/article/details/124141293.
[12] 何小义. 机器学习之python实现逻辑回归[EB/OL]. (2020.08.19)[2022.07.17]. https://blog.csdn.net/hzy459176895/article/details/108111899.
[13] 丁辉, 许文超, 朱汉兵,等. 函数型数据回归分析综述[J]. 应用概率统计, 2018, 34(6):25.
[14] 机器学习实战笔记-预测数值型数据: 回归[EB/OL]. (2017-11-16)[2022.07.17]. https://blog.csdn.net/LaputaFallen/article/details/78553595.
[15] 何晓群, 实用回归分析[M]. 北京: 高等教育出版社, 2007.
[16] HARRINGTON, 李锐, 等. 机器学习实战[M]. 北京: 人民邮电出版社, 2013.
[17] RUD. 数据挖掘实践[M]. 北京: 机械工业出版社, 2003.
[18] 李航. 机器学习方法[M]. 北京: 清华大学出版社, 2022.
[19] 古德费洛, 本吉奥, 库维尔. 深度学习[M]. 赵申剑, 黎彧君, 符天凡, 等译. 北京: 人民邮电出版社, 2017.
[20] 常甜甜. 支持向量机学习算法若干问题的研究[D]. 西安: 西安电子科技大学.
[21] 汪海燕, 黎建辉, 杨风雷. 支持向量机理论及算法研究综述[J]. 计算机应用研究, 2014, 31(5):6.
[22] MacQueen J. Classification and analysis of multivariate observations[C]//5th Berkeley Symp. Math. Statist. Probability. 1967: 281-297.
[23] Dempster A P, Laird N M, Rubin D B. Maximum likelihood from incomplete data via the EM algorithm[J]. Journal of the Royal Statistical Society: Series B (Methodological), 1977, 39(1): 1-22.
[24] Kaufman L, Rousseeuw P J. Finding groups in data: an introduction to cluster analysis[M]. John Wiley & Sons, 2009.
[25] 杜世强. 基于核 Fisher 判别的人脸识别方法研究[D]. 西安: 陕西师范大学, 2007.
[26] 景明利. 高维数据降维算法综述[J]. 西安文理学院学报：自然科学版, 2014, 17(4): 5.

[27] 胡洁. 高维数据特征降维研究综述[J]. 计算机应用研究, 2008, 25(9): 6.
[28] 左旺孟. 面向人脸和掌纹特征提取的线性降维技术研究[D]. 哈尔滨: 哈尔滨工业大学, 2007.
[29] ROSENORL. 四大机器学习降维方法[EB/OL]. (2016-08-22)[2022-06-20]. https://blog.csdn.net/rosenor1/article/details/52278116.
[30] 刘迪. 基于流形学习与子空间的降维方法研究与应用[D]. 长春: 东北师范大学, 2009.
[31] BISHOP C. Pattern Recognition and Machine Learning[M]. New York: Springer-Verlag New York, Inc, 2006.
[32] YUENFUNGDATA. 降维算法-PCA对人脸识别数据集的降维[EB/OL]. (2020-05-24)[2022-06-20]. https://www.jianshu.com/p/10db48408b51.
[33] DEISENROTH M P , FAISAL A A , CHENG S O. Mathematics for Machine Learning[M]. Cambridge: Cambridge University Press, 2020.
[34] 王海珍. 基于 LDA 的人脸识别技术研究[D]. 西安: 西安电子科技大学, 2010.
[35] 李忆如. 机器学习-LDA（线性判别分析）与人脸识别[EB/OL]. (2022-4-15)[2022-06-20]. https://blog.csdn.net/weixin_51426083/article/details/123885066.
[36] 哈林顿. 机器学习实战[M]. 李锐, 译. 北京: 人民邮电出版社, 2012.
[37] HE K , ZHANG X , REN S , et al. Deep Residual Learning for Image Recognition[C]// 2016 IEEE Conference on Computer Vision and Pattern Recognition (CVPR). IEEE, 2016.
[38] SRIVASTAVA R K , GREFF K , Schmidhuber J . Highway Networks[J]. Computer Science, 2015.
[39] 洪奇峰, 施伟斌, 吴迪,等. 深度卷积神经网络模型发展综述[J]. 软件导刊, 2020, 19(4):5.
[40] ZHANG X , ZHOU X , LIN M , et al. ShuffleNet: An Extremely Efficient Convolutional Neural Network for Mobile Devices[J]. 2017.
[41] KRIZHEVSKY A , SUTSKEVER I , HINTON G . ImageNet Classification with Deep Convolutional Neural Networks[J]. Advances in neural information processing systems, 2012, 25(2).
[42] HOWARD A G , ZHU M , CHEN B , et al. MobileNets: Efficient Convolutional Neural Networks for Mobile Vision Applications[J]. 2017.
[43] GU J , WANG Z , KUEN J , et al. Recent Advances in Convolutional Neural Networks[J]. Pattern Recognition, 2015.
[44] 吴晨, 李雷, 吴婧漪. 基于深层特征聚类的人脸表情识别的实现方法, CN109993100A[P]. 2019.
[45] 阿斯顿·张, 李沐, 立顿. 动手学深度学习[M]. 北京: 清华大学出版社, 2019.
[46] GOODFELLOW. Deep Learning[M]. 北京: 人民邮电出版社, 2017.
[47] jenslee. GAN网络详解(从零入门)[EB/OL].(2022.01.18)[2022.07.17]. https://blog.51cto.com/u_12810522/4943168.
[48] GAN生成对抗网络[EB/OL]. (2020.09.06)[2022.07.17]. https://www.jianshu.com/p/3d7abbd26627.
[49] GAN网络从入门教程[EB/OL]. (2020.07.05)[2022.07.17] https://www.cnblogs.com/xiaohuiduan/p/13237486.html.
[50] GOODFELLOW I , POUGET-ABADIE J , MIRZA M , et al. Generative Adversarial Nets[C]// Neural Information Processing Systems. MIT Press, 2014.
[51] 基于pytorch的GAN网络搭建[EB/OL]. (2022.01.04)[2022.07.17]. https://blog.csdn.net/qq_37320084/article/details/122308741.
[52] CHEN T, KORNBLITH S, NOROUZI M, et al. A simple framework for contrastive learning of visual representations[C]//International conference on machine learning. PMLR, 2020.

[53] HE K, FAN H, WU Y, et al. Momentum contrast for unsupervised visual representation learning[C]//Proceedings of the IEEE/CVF conference on computer vision and pattern recognition, 2020.

[54] GRILL J B, STRUB F, ALTCHE F, et al. Bootstrap your own latent-a new approach to self-supervised learning[J]. Advances in neural information processing systems, 2022, 33:21271-21284.

[55] 朽一. SimCLR 图像分类-pytorch复现[EB/OL]. (2022-04-13)[2022-07-5]. https://blog.csdn.net/qq_43027065/article/details/118657728.

[56] CHEN X, HE K. Exploring simple siamese representation learning[C]//Proceedings of the IEEE/CVF Conference on Computer Vision and Pattern Recognition, 2021.

[57] HADSELL R, CHOPRA S, LECUN Y. Dimensionality reduction by learning an invariant mapping[C]//2006 IEEE Computer Society Conference on Computer Vision and Pattern Recognition. IEEE, 2006.

[58] CHUANG C Y, ROBINSON J, LIN Y C, et al. Debiased contrastive learning hspace0.2mm[J]. Advances in neural information processing systems, 2020, 33: 8765-8775.

[59] 郝景芳. 对比学习 (Contrastive Learning) 综述[EB/OL]. (2022-6-22)[2022-07-5]. https://mp.weixin.qq.com/s/J9nWYiNfs_efsA1fLn3brw.

[60] WANG T, ISOLA P. Understanding contrastive representation learning through alignment and uniformity on the hypersphere[C]//International Conference on Machine Learning. PMLR, 2020.

[61] CHOPRA S, HADSELL R, LECUN Y. Learning a similarity metric discriminatively, with application to face verification[C]//2005 IEEE Computer Society Conference on Computer Vision and Pattern Recognition. IEEE, 2005.

[62] CZIUN. 对比学习(contrastive learning)[EB/OL]. (2021-07-28)[2022-07-5]. https://blog.csdn.net/cziun/article/details/119118768.

[63] SCHROFF F, KALENICHENKO D, PHILBIN J. Facenet: A unified embedding for face recognition and clustering[C]//Proceedings of the IEEE conference on computer vision and pattern recognition, 2015.

[64] GUTMANN M, HYVARINEN A. Noise-contrastive estimation: A new estimation principle for unnormalized statistical models[C]//Proceedings of the thirteenth international conference on artificial intelligence and statistics. JMLR Workshop and Conference Proceedings, 2010.

[65] YOUNGSHELL. 对比学习 (Contrastive Learning), 必知必会[EB/OL]. (2022-04-28)[2022-07-05]. https://zhuanlan.zhihu.com/p/471018370.

[66] GUTMANN M, HYVRINEN A. Noise-contrastive estimation: A new estimation principle for unnormalized statistical models[C]//Proceedings of the thirteenth international conference on artificial intelligence and statistics. JMLR Workshop and Conference Proceedings, 2010.

[67] WU Z, XIONG Y, YU S X, et al. Unsupervised feature learning via non-parametric instance discrimination[C]//Proceedings of the IEEE conference on computer vision and pattern recognition, 2018.

[68] 李明达. 在文本和图像上的对比学习小综述[EB/OL]. (2021-07-30)[2022-07-5]. https://blog.csdn.net/qq_27590277/article/details/119259487.

[69] MITCHELL T M, 曾华军, 张银奎. 机器学习[M]. 北京: 机械工业出版社, 2003.